宛如出自巧克力職人之手

夾心巧克力的魔法饗宴

熊谷裕子

瑞昇文化

Prologue

令人嚮往的巧克力專賣店中，優雅的陳列著各式各樣的夾心巧克力。您是否也曾試著想像，「要是自己也能做出這樣……宛如甜點師作品的專業巧克力，那就太棒了！」

在我的教室當中，巧克力課程受歡迎的程度令我大為驚訝。我感受到，喜歡做甜點的人想做巧克力的心情，是年年高漲。

因此，我開始思考那些受學生歡迎的食譜，如何能夠化為更簡單好懂、讓所有人都能在自家廚房製作的食譜。

材料只需要少量巧克力，工具也只要有微波爐和吹風機就行，書中會以照片詳細介紹不需要特別物品的製作方法。

只要好好學習基本製作方式、記得訣竅，就非常簡單。之後只需要展現個人品味。

自己做的夾心巧克力被人詢問「這是買來的？」絕對不是夢想。務必從今天開始挑戰看看！

熊谷裕子

Parti Au Chocolat

巧克力派對

下午茶時間，找來朋友們，
開個下午茶巧克力派對如何？
輕脆爽口的棒棒糖、五彩繽紛的灌模巧克力，就自己手工做吧。
香甜巧克力伴隨著談天說地，令人忘卻時間的流逝。
試著用手工巧克力，讓招待品質更上層樓吧。

Nuit Au Chocolat

引人入迷的酒類配餐

能夠享受各種可可亞口味的巧克力，
與酒類更是天作之合。
在寧靜的夜晚、大人們的時間，來個略帶苦味的灌模巧克力、
或者放滿堅果的平板巧克力，您意下如何？
紅酒、威士忌或者日本酒都能用來搭配。
就找找您的意中對象吧？

CONTENTS

CONTENTS

關於食譜

・微波爐使用功率為500W～700W。
・加熱時間為略估。
・砂糖使用上白糖。
・使用動物性脂肪35～36%的鮮奶油。
・用來製作甘納許的巧克力必須嚴守可可亞含量。
　但包覆用的巧克力，可可亞含量可依喜好使用。

FAIRE DU CHOCOLAT

BASE

巧克力製作基礎「何謂調溫？」

巧克力製作，始於學習調溫。所謂調溫，是指將融化一次的巧克力，凝固為原本的漂亮狀態，是溫度調整的過程。正確進行調溫，可使脫模輕鬆、完成的樣子也較為美麗。同時能做出在口中輕鬆融化、口感柔和的巧克力。由於巧克力主要成分可可脂，在融化又冷卻之後，很容易凝結不勻，因此調溫也是防止此問題的重要流程。確實學好步驟、記下訣竅吧。

無須隔水加熱・溫度計！

以微波爐及吹風機完成巧克力的調溫

將巧克力放進大碗中

以微波爐融化巧克力

由底層掬起攪拌

01 將苦甜巧克力（或甜巧克力）放進塑膠製大碗中。市售的塊狀巧克力可以直接使用，如果是板狀巧克力，請切塊後使用。

02 微波爐瓦數為700W。加熱30秒左右後取出攪拌。一開始就加熱較長時間的話，巧克力很可能會烤焦，還請留心。

POINT

瓦數較小、或者巧克力量較多時，時間可以稍長；若瓦數較大、又或巧克力量少時，時間可以縮短。請視狀況調整。

03 一開始看上去似乎毫無變化，但中心底層的巧克力，其實已經開始融化，因此要使用橡膠刮刀，以自底層掬起的方式攪拌。

POINT

若沒有自底層攪拌均勻，便會只加熱到中心處，巧克力會因此燒焦、無法使用，必須小心！

巧克力的調溫，大多會以隔水加熱方式進行。但此處介紹的是以微波爐及吹風機使其融化、簡單輕鬆的劃時代方法。巧克力與蒸氣及水分不合，因此這是讓巧克力不會接觸濕氣，使其維持在最佳狀態的技巧。材料也只需要少量巧克力便能進行，非常節省。首先就以初學者也能輕鬆處理的苦甜巧克力、甜巧克力來進行基本作業，接下來還會解說溫度與加熱時間有差異的白巧克力、以及牛奶巧克力。只要步步仔細確認、再往下一個步驟，即使沒有溫度計也能繼續。會大略寫個「溫度：○○℃」，表示順利進行狀態的溫度，還請參考。

※照片上的巧克力約為500g。少量也請至少以200g開始做。

反覆加熱數次

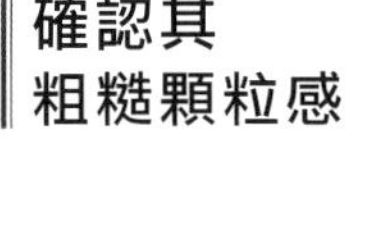

04 緩緩縮短加熱時間，並且反覆進行「加熱後攪拌」的作業，直到巧克力完全融化為液狀、沒有固體殘留。

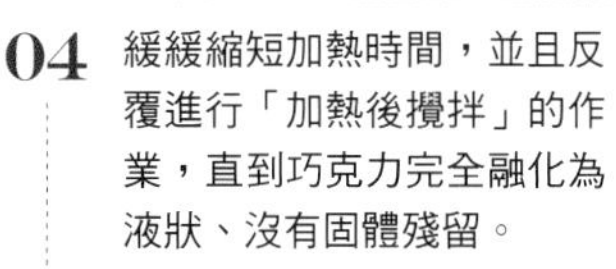

POINT

成為液狀後，再加熱10秒左右。稍微提高一點點溫度，凝結後會較有光澤。「溫度：43～45℃」

冷卻巧克力

05 將大碗底部整個放進加了冰塊的冷水中。偶爾用橡膠刮刀緩慢、平穩的由底部及周圍攪拌。攪拌過頭會有氣泡跑進去，還請留心。

確認其粗糙顆粒感

06 由周圍開始凝結，攪拌整體時會發現小小塊狀或粗糙顆粒。這時候就將大碗由冷水中取出。

POINT

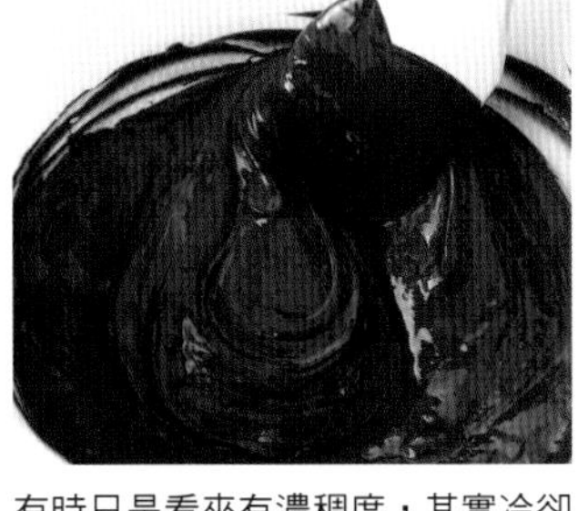

有時只是看來有濃稠度，其實冷卻度不夠，因此要確認確實有粗糙顆粒後，再由冷水中取出。「溫度：24～25℃」

無須隔水加熱・溫度計！

以微波爐及吹風機完成巧克力的調溫

再次以微波爐加熱

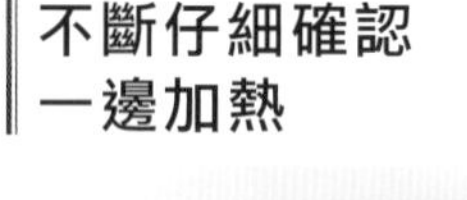

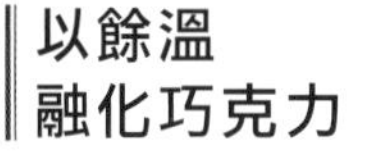

07 將巧克力加溫至沒有任何凝結塊狀。為了避免溫度過高，8～10秒左右就要取出攪拌，使其以餘溫融化。

POINT

此處也需視微波爐瓦數調整時間。請短暫加熱並以目視確認融化情況。

不斷仔細確認一邊加熱

08 攪拌使大碗底的凝結塊也融化。若攪拌後發現並未融化，就再加熱6～7秒後攪拌，重複此動作。

POINT

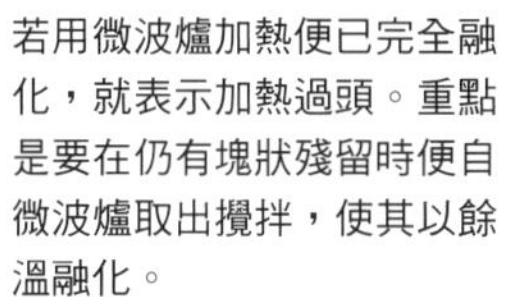

若用微波爐加熱便已完全融化，就表示加熱過頭。重點是要在仍有塊狀殘留時便自微波爐取出攪拌，使其以餘溫融化。

以餘溫融化巧克力

09 緩緩縮短加熱時間，直到巧克力八成左右成為液狀，且以餘熱攪拌時，凝結塊仍無法完全融化。

輕微調整溫度時，非常好用的吹風機

微波爐熱量很強，也無法看見半途狀態，很可能會加熱過頭。因此最後的輕微調整，就換成熱量較弱、且可邊看融化狀態、邊調整溫度的吹風機。但要注意吹風機不可以太貼近。在能夠順手使用吹風機之前，要慢慢靠近、盡可能以「餘溫」使其融化，只有在確實無法融化時，才再次用吹風機吹。

以吹風機的熱量輕微調整

10 將吹風機距離巧克力表面10cm左右吹。以橡膠刮刀由下往上翻拌，使巧克力能吹到熱風。

POINT

微波爐熱量過強，因此輕微調整要切換為吹風機。但要注意吹風機也不可以靠太近！

攪拌使其不殘留凝結塊

11 盡可能利用餘溫，攪拌巧克力使凝結塊融化。無論怎麼拌都不融化時，才稍微用吹風機吹一下。

POINT

在習慣使用吹風機以前，請重覆「吹風然後攪拌融化」的步驟，注意不要靠太近、必須緩緩使其融化。

轉為濃稠狀態便完成

12 攪拌至沒有凝結塊，整體為濃稠狀態時便完成。之後務必進行調溫測試。「溫度：30～31℃」

POINT

重點是「終於不再繼續融化」。攪拌後若立即沒有任何凝結塊，表示很可能已經加熱過度。

無須隔水加熱・溫度計！

以微波爐及吹風機完成巧克力的調溫

進行調溫測試

另一種測試方法

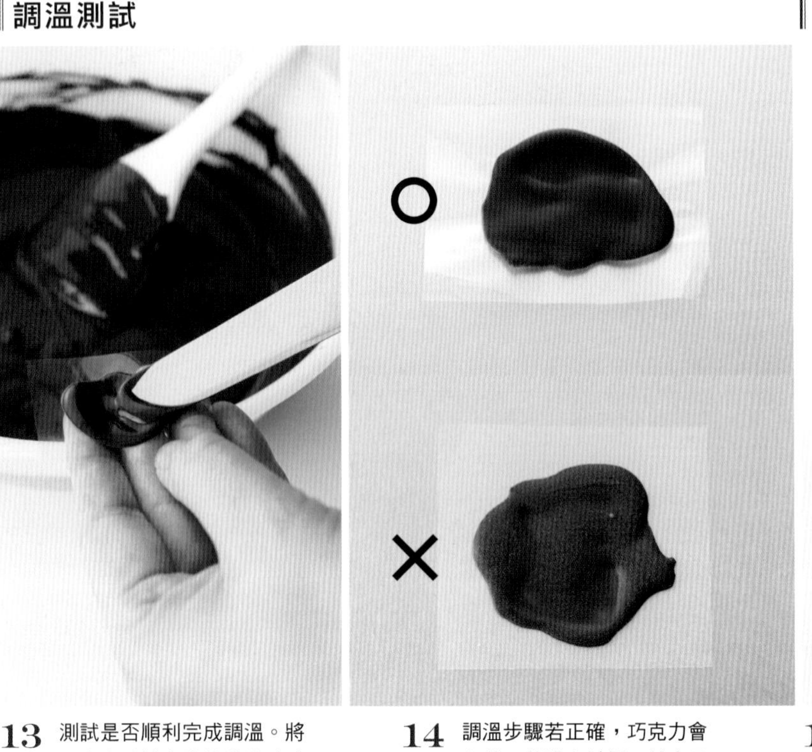

13 測試是否順利完成調溫。將巧克力塗抹少許於薄膜（玻璃紙等）上，放進冰箱裡冷藏使其凝固。

POINT

即使融化為濃稠狀，也不一定表示調溫非常成功，請務必進行測試。

14 調溫步驟若正確，巧克力會收縮。薄膜有皺褶，就表示成功。將巧克力從薄膜取下後，若可俐落掰斷即完成。

POINT

若出現薄膜沒有收縮、或者不好取下等，可能失敗的情況，只要從步驟04開始重新進行調溫即可（參考P.20 Q&A）。

15 以抹刀單面沾取巧克力，滴落多餘的巧克力。放置於室溫中（20度以下），不久後開始霧化凝結，便表示成功。

POINT

若始終保持光亮、無法凝固，就表示調溫失敗。請由步驟04開始重新進行調溫（參考P.20 Q&A）。

作業進行中，巧克力會逐漸凝固

正確進行調溫的巧克力，會馬上凝固起來，因此作業進行中，會整體緩緩變得較為凝滯、或者跑出顆粒狀。繼續進行會使巧克力無法顯露光澤、或者有氣泡跑進去，甚至可能造成外層包覆過厚的巧克力。作業中要以吹風機輕微調整、經常維持在最佳狀態進行。

製作巧克力時 也要以吹風機調整。

16 若巧克力凝固，便就著吹風機的熱風攪拌，必須加熱到結塊狀消失、仍為濃稠狀態再繼續使用。

POINT

此步驟當中若加熱過度，會破壞調溫的成果！要留心以餘溫加熱。

盡可能 弄得乾淨漂亮

17 用吹風機融化大碗邊緣或者刮刀上的巧克力，也非常方便。盡可能不要浪費掉這些巧克力。

POINT

吹風機對著吹的地方，可能會造成部分巧克力的調溫遭到破壞，因此加熱後請務必攪拌。

更替擠花袋中的 巧克力

18 裝進擠花袋裡的巧克力也會逐漸凝固，因此製作時若稍有中斷，就要將擠花袋中的巧克力放回大碗中，攪拌並使其融化後，再重新裝進袋裡。

使用白巧克力
或者牛奶巧克力

由於白巧克力及牛奶巧克力的可可亞成分較低、且牛奶含量較高，
因此比苦甜巧克力或甜巧克力更易燒焦、流動性也較低，
但調溫的方法基本上是一樣的。由於其對熱度更加敏感，因此要注意不能加熱過度。

加熱巧克力

01 照片上雖然是白巧克力，但牛奶巧克力也是一樣的方法。放進塑膠製的大碗，以微波爐加熱。

POINT

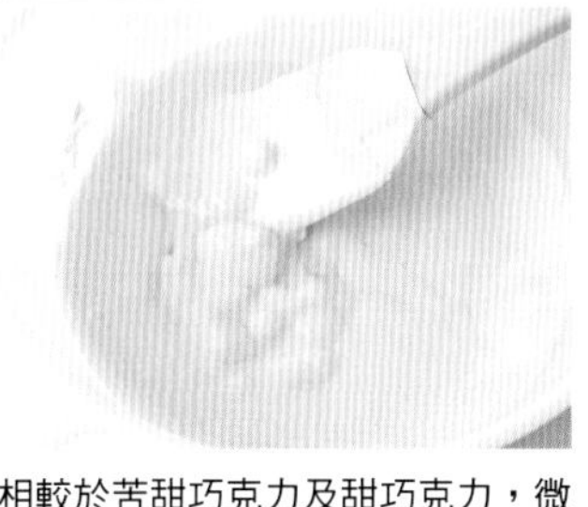

相較於苦甜巧克力及甜巧克力，微波爐的加熱時間必須更短、且更加仔細反覆確認。

均勻攪拌以餘溫融化巧克力

02 調溫方法與P.12～步驟的苦甜巧克力相同，但白巧克力或牛奶巧克力禁不起高溫，因此請以勉強才能使其融化的溫度來進行。

POINT

由於含有牛奶成分，因此加熱過度可能會燒焦、或者失去流動性，還請多留心。
「溫度：40～42℃」

冷卻巧克力

03 將大碗底部整個放進加了冰塊的冷水中。偶爾用橡膠刮刀緩慢、平穩的由底部及周圍攪拌。
「溫度：23～24℃」

POINT

若開始出現粗糙顆粒，就參考P.14～步驟，以微波爐及吹風機使其融化，直到所有顆粒消失。
「溫度：28～29℃」

作業後
剩餘的巧克力該如何處理？

巧克力的最佳保存場所，是在室溫15度左右、溫度不會變化、乾燥的陰暗處。
最好可以放進冰箱中溫度不會過低的蔬菜盒中。
留心要徹底密封，以免沾附其他氣味，並且盡快使用完畢。

倒在烤箱紙上

01 在完成調溫的狀態下，直接倒在烤箱紙或者烘焙紙上，鋪平使其容易剝離。

POINT

留在擠花袋中的巧克力，也擠回大碗中一起鋪平。若已經凝固，就用吹風機使其融化流出。

直接冷卻凝固

02 放進冰箱冷藏凝固。若一直放著，會沾附其他食物的氣味，取出時也容易沾附水氣，因此一凝固就要立即取出。

切割為適當大小

03 巧克力凝固後，從紙張上取下，切割為適當大小，放進可密封的袋子裡、保存於陰暗處（15度左右）。

POINT

這樣就能夠回到原本的狀態，可以重新進行調溫，或者融化之後添加在餅乾蛋糕等當中。

調溫 Q&A

Q 為何需要進行調溫（溫度調整）呢？

A 巧克力主要成分是可可脂、可可粉、砂糖、香料等。當中，可可脂含有多種結晶成分，由於其性質各異，因此以相同溫度融化或冷卻時，很容易產生不均勻的情況。經由調溫便能「使曾經融化的巧克力凝固回原先的完美狀態」。需要加熱後冷卻，然後再次加熱，用意在此。

Q 若不進行調溫，會發生哪些失敗狀況？

A 若只將巧克力融化，而不進行調溫，或者調溫失敗的話，灌進模子裡冷卻之後，巧克力可能不會收縮、因此無法從模型中取出；或者脂肪浮起、表面發白且口感粗糙，甚至可能連巧克力原先的味道都嚐不出來。由於調溫結果無法直接以肉眼看出來，因此請務必進行測試之後再繼續製作（參考P.16）。

調溫測試範例

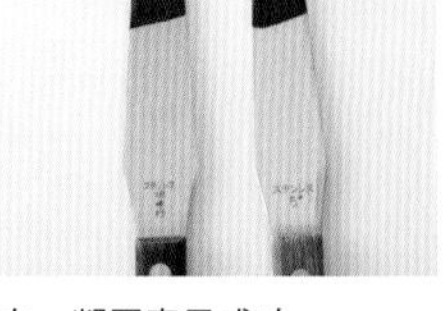

左：凝固表示成功
右：沒凝固表示失敗

Q 進行調溫時，分量多少比較好處理？

A 本書當中介紹的是在家中廚房也可輕鬆製作的方法。通常準備時先大量進行調溫，會比較簡單，但若還不習慣製作巧克力，要用上大量巧克力應該會有所畏縮。但太少的話又會非常困難，因此最少請準備200g。正式製作巧克力時，通常會準備500g以上，製作會比較流暢。

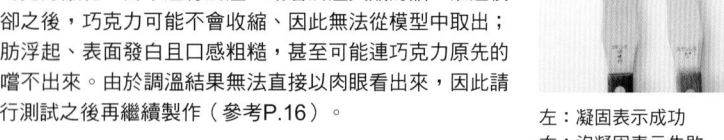

Q 調溫失敗的話，可以從頭來過嗎？

A 調溫之後請務必進行測試（參考P.16），若不會凝固、或無法收縮、光澤不佳等，看起來可能失敗了，就從頭來過。回到P.13的步驟**04**、POINT，融化之後再次提高溫度那邊開始。但若溫度過高，導致燒焦的話，不僅無法用來製作巧克力、也無法使用在其他點心製作中，還請多加留心。

製作巧克力必須正確進行調溫。
請學習了解巧克力性質、邊確認狀態邊進行調溫。
如果覺得不太順利，就試著確認可能原因及應對方法。

Q 巧克力種類繁多，對初學者來說，哪種比較簡單？

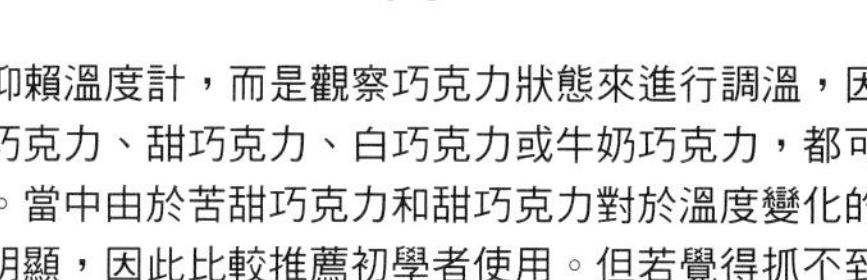

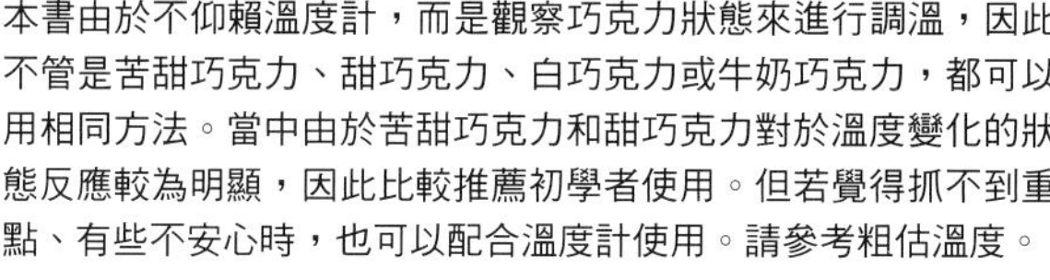

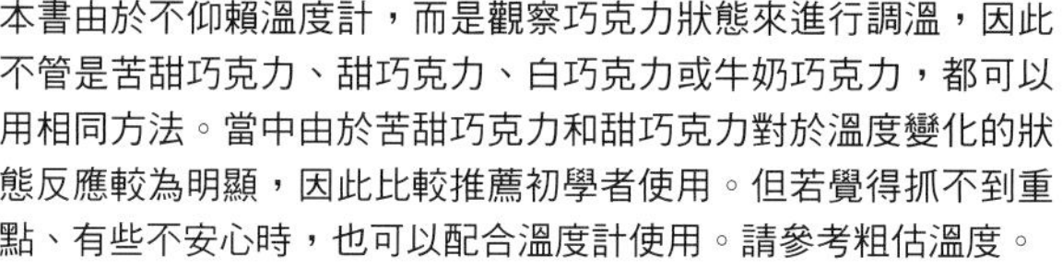

A 本書由於不仰賴溫度計，而是觀察巧克力狀態來進行調溫，因此不管是苦甜巧克力、甜巧克力、白巧克力或牛奶巧克力，都可以用相同方法。當中由於苦甜巧克力和甜巧克力對於溫度變化的狀態反應較為明顯，因此比較推薦初學者使用。但若覺得抓不到重點、有些不安心時，也可以配合溫度計使用。請參考粗估溫度。

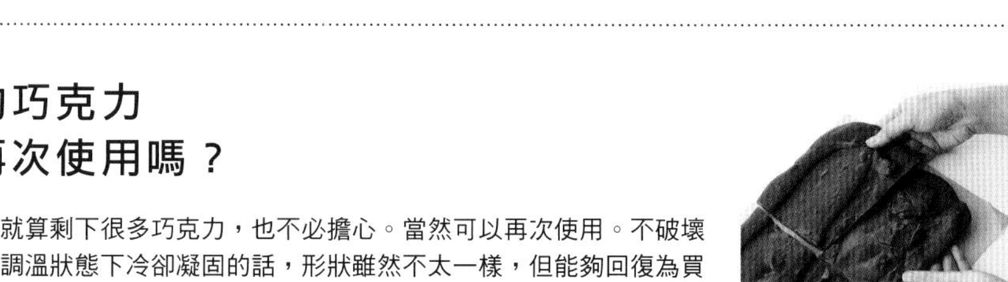

Q 剩下的巧克力可以再次使用嗎？

A 就算剩下很多巧克力，也不必擔心。當然可以再次使用。不破壞調溫狀態下冷卻凝固的話，形狀雖然不太一樣，但能夠回復為買來時的狀態。以P.19介紹的方法來保存在最佳狀態，之後仍能重新調溫後製作巧克力、或者甘納許，也能用來製作其他點心。

Q 巧克力的保存期限大概多久？保存場所呢？

A 做為材料使用的巧克力，可以保存蠻長一段時間。請遵守產品的保存期限。調溫後剩下的巧克力也相同。但重點是「最佳狀態下保存」。理想的保存場所為溫度15度左右、濕度50%以下、不會照射光線且無溫度變化、也不會振動的地方。一般家庭，建議放在冰箱中溫度不會過低的蔬菜盒中。

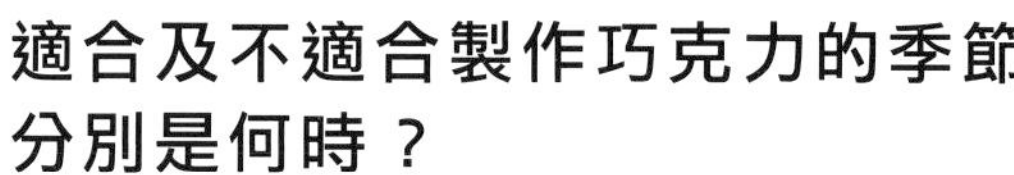

Q 適合及不適合製作巧克力的季節分別是何時？

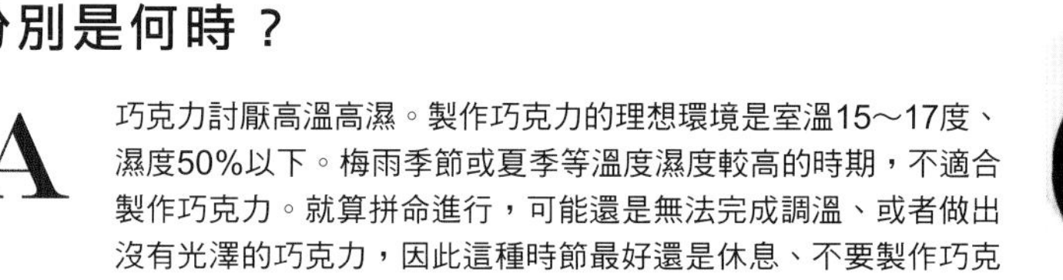

A 巧克力討厭高溫高濕。製作巧克力的理想環境是室溫15～17度、濕度50%以下。梅雨季節或夏季等溫度濕度較高的時期，不適合製作巧克力。就算拼命進行，可能還是無法完成調溫、或者做出沒有光澤的巧克力，因此這種時節最好還是休息、不要製作巧克力。就集中在冬季製作吧。

CHAPTER 1

Chocolat Simple

只需待其凝結的灌模巧克力

若已學會調溫，那麼就來挑戰製作各式巧克力吧。
一開始的課程，是不填充甘納許、只需待其凝固便能完成的灌模巧克力。
可自由搭配形狀及設計。
就試著用手邊的模型、及喜愛的材料製作獨家巧克力吧。

想要各種形狀！
自由混搭的巧克力

LESSON 1
迷你巧克力

將完成調溫的巧克力灌進模型裡，便能完成的簡單款式。要留心不能倒太多、或者讓氣泡跑進去，請仔細練習此製作方式。

LESSON 2
圓板巧克力

可使用烘培紙杯製作的巧克力。添加顏色、或者灑上配料、也可搭配裝飾用巧克力，變化出各種可愛樣貌。

LESSON 3
季節平板

能夠充分展現調溫手腕的板狀巧克力。可以放上喜愛的配料，花點心思在色彩及口味的搭配。

LESSON 4
米香巧克力

放了米香、能夠享受其香脆口感的巧克力。可以變換尺寸、或者添加香料成為其他口味，也能把外觀做得比較時尚。

EXTRA EDITION
松露巧克力

※此款會加入甘納許

只要使用市售的松露球，初學者也能做出宛如商店販賣、完成度非常高的松露巧克力。還請務必挑戰看看。

LESSON 1

Chocolat Mignon

迷你巧克力

一開始就從只需灌進模型，便能輕鬆製作的巧克力開始吧。
重點是留心作業，不能讓氣泡跑進去、導致開了小洞，
或者由模子溢出。
學會之後便能挑戰兩種顏色、或者添加花樣。

La Tour Eiffel

巴黎鐵塔

材料

甜巧克力…200g

珍珠粉（金色、紅色）…適量

使用模型

巴黎鐵塔模型：
約5×8cm。聚乙烯製。

Finish

左邊使用金粉、右邊使用紅色粉末。

前置工作

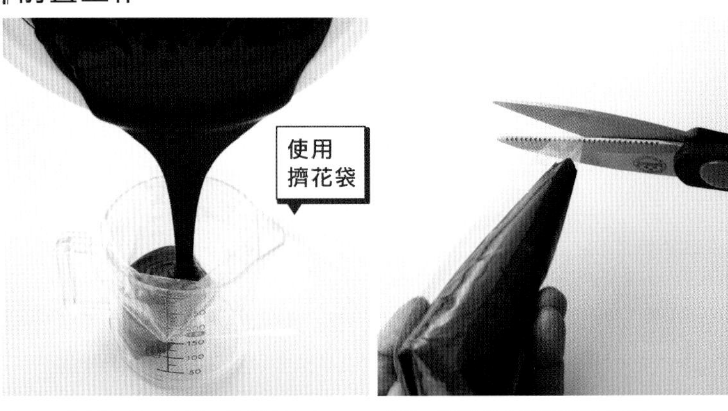
使用
擠花袋

01 參考P.12～步驟，將甜巧克力進行調溫後，以量杯做為立架，將巧克力倒進擠花袋。

02 擠花袋中裝半滿的巧克力後，將開口擰收，以剪刀將尖端處剪開約6～7mm。

灌模

灌模時要注意，不能
讓巧克力從一旁溢出

03 將擠花袋前端稍微壓在模型上，平穩的將巧克力擠進模型中。若由上方滴下，氣泡會跑進去，還請留心。

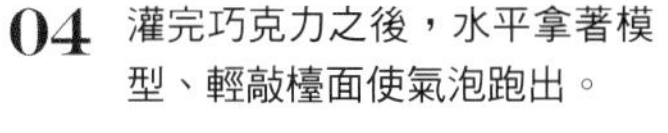

04 灌完巧克力之後，水平拿著模型、輕敲檯面使氣泡跑出。

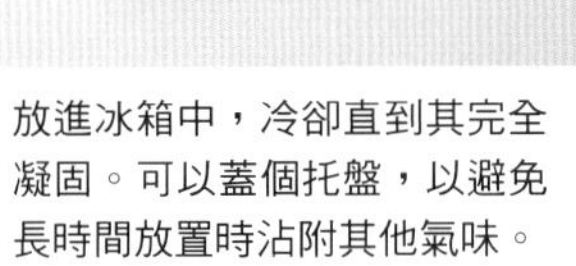

05 放進冰箱中，冷卻直到其完全凝固。可以蓋個托盤，以避免長時間放置時沾附其他氣味。

06 凝固之後，以平板或砧板蓋在巧克力那面。用紙張的話，可能會損壞，因此請選擇堅硬的物品。

脫模

07 直接將模子翻面，於桌面上輕拍使其振動。請留心不要過於用力拍打。

08 輕拿起模子，使巧克力由模中脫落。若有無法脫落者，請拿走已脫落的巧克力後再次拍打。

塗抹珍珠粉

09 若巧克力完美脫模後，以筆尖沾取少量珍珠粉（金色），在整顆巧克力上薄薄塗抹一層。

10 另一種巴黎鐵塔，則以筆尖沾取少量珍珠粉（紅色），在整顆巧克力上薄薄塗抹一層。

剩餘的巧克力

11 擠花袋中若有剩餘的巧克力，放置不管會造成其凝固，因此要將內容物擠回大碗中。

12 若已經凝固，擠不出來時，便以吹風機加熱使其融化。沾附在袋子上的巧克力也一起加熱融化。

NG

若盛裝過多而不平整時，巧克力會從模型邊緣溢出。最適當的份量，是隱約可見模型邊緣。

從旁溢出的範例。不僅會難以從模子上取下，取下後也可能邊緣不平整、以至於不夠美觀，還請留心。

Camée, Fleur

浮雕寶石、花朵

材料

甜巧克力…200g

白巧克力…200g

巧克力用色素（糖果色素・黃）…少量

※糖果色素為果凍狀，可以直接混在巧克力中使用（參考P.90）。

使用模型

左起為花朵模型：直徑4.5cm、聚碳酸酯製。浮雕寶石模型：4×4.8cm、聚乙烯製。

Finish

◉浮雕寶石

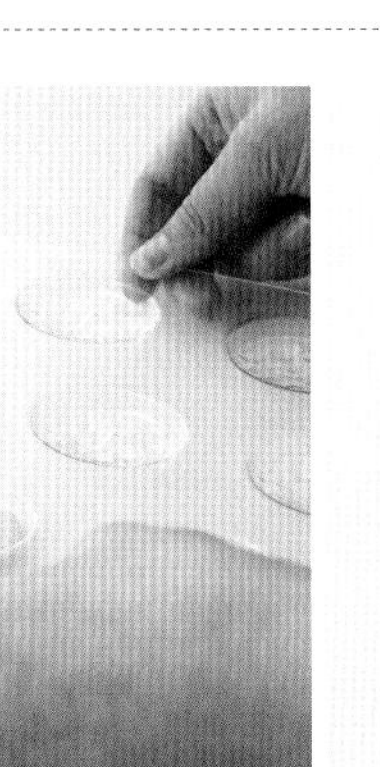

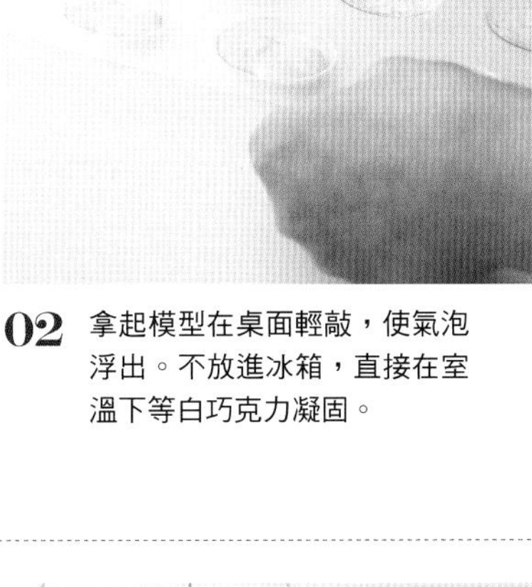

01 參考P.18步驟，將白巧克力進行調溫後，裝進擠花袋中。之後將巧克力平穩擠進模型中女性雕像處。

02 拿起模型在桌面輕敲，使氣泡浮出。不放進冰箱，直接在室溫下等白巧克力凝固。

03 將調溫後的甜巧克力平穩擠進模型中，填滿至邊緣處，輕敲出空氣後放入冰箱中冷卻凝固，之後再脫模。

◉花朵

01 將調溫完成的白巧克力取出少量，裝在其他容器裡，添加少許色素後攪拌均勻，便完成上色。

02 以指尖沾取少量已上色的巧克力，將其塗抹於模型中花瓣邊緣等位置。直接在室溫下凝固。

03 將調溫完成的白巧克力填滿至模型邊緣處，輕敲出空氣後放入冰箱中冷卻凝固，之後再脫模。

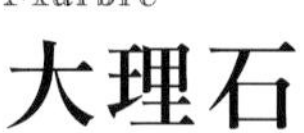

Médaille Du Chocolat

圓板巧克力

這是如同獎牌般的圓盤型巧克力。由於表面平整，在上面拉線或放配料都很容易。
也可以試著挑戰像是畫圖般的各種設計。

Marbré

大理石

材料

白巧克力…200g
抹茶巧克力…50g
金粉（灑粉用）…少許
銀珠糖等…少許
※一片大約使用10g左右的巧克力。

使用模型

烘培紙杯：直徑6cm。選擇內側光滑、有塗層的產品。

使用抹茶巧克力

01 將白巧克力、以及添加抹茶或咖啡口味的調味巧克力，進行調溫後使用。

02 參考P.18步驟，取白巧克力150g，以及抹茶和白巧克力各50g混合後進行調溫。

擠進杯中

03 剪開擠花袋前端，使其緊靠底部，將白巧克力和抹茶巧克力，分別平擠進杯底的半邊。

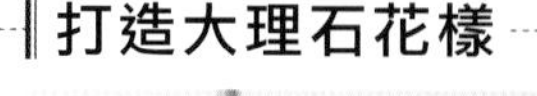

打造大理石花樣

04 使用竹籤或較粗的牙籤，由正中間起，宛如畫圓圈那樣畫出螺旋形狀。注意不要攪拌過度。

05 在桌上輕敲，使氣泡浮出。灑上金粉或銀珠糖等裝飾。凝固後將紙杯翻倒、讓巧克力脫模。

就算原本打算做出大理石花紋，若攪拌過度就會變成同一個顏色，請一邊觀察一邊留心攪拌。

Marguerite

雛菊

材料

裝飾用巧克力…適量
草莓巧克力…100g
白巧克力…50g
銀箔砂糖…適量
※也可使用雪花結晶等取代花朵模型。

使用草莓巧克力

使用調味巧克力、白巧克力及裝飾用巧克力，調味巧克力是在白巧克力中添加草莓香料而成。

以裝飾用巧克力製作花朵

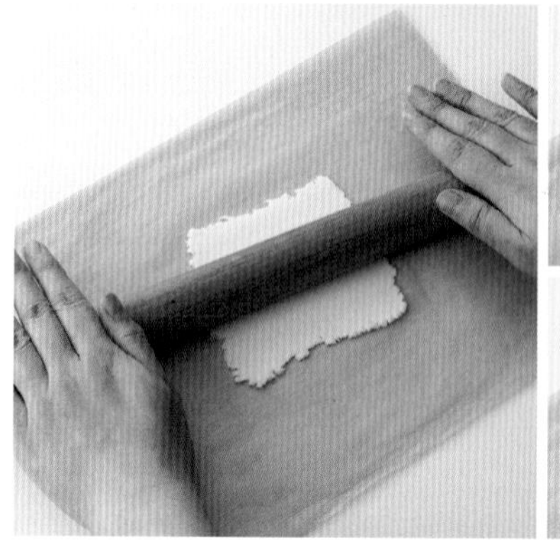

01 裝飾用巧克力是在巧克力中添加麥芽糖等材料，將其加工成較為容易製作裝飾的材料。也可如黏土般捏出形狀。

02 將裝飾用巧克力擀為約2～3mm厚，以花朵模型取下圖案。若是太黏，就灑些糖粉（不在預設材料內）。

擠進烘焙杯中

03 將草莓巧克力與白巧克力混合進行調溫。裝進擠花袋中，擠進烘焙杯底，厚約4mm。

以先前做好的花朵進行裝飾

04 敲輕使空氣浮出，在巧克力尚未凝固時，便將巧克力花朵輕輕平放其上。

05 將剩餘的草莓巧克力裝進擠花袋中，稍稍剪開前端，擠在裝飾片花朵的花蕊處。

06 收尾可隨喜好灑上銀箔砂糖。到此步驟為止，都要趁巧克力尚未凝固前迅速完成。

VARIATION

Ligne

流線

材料

白巧克力…200g
銀箔砂糖…適量

擠進烘焙杯中

01 參考P.18步驟，將白巧克力進行調溫。裝進擠花袋後，擠進烘焙杯底，厚約4mm。

02 手持烘焙杯邊緣，在桌面輕敲，使空氣浮出。放進冰箱冷卻凝固。

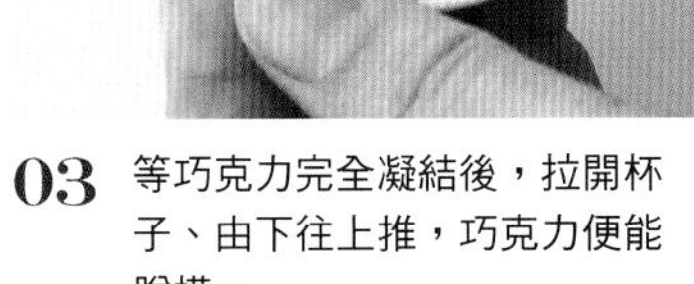

03 等巧克力完全凝結後，拉開杯子、由下往上推，巧克力便能脫模。

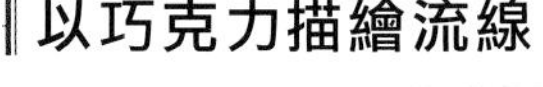

以巧克力描繪流線

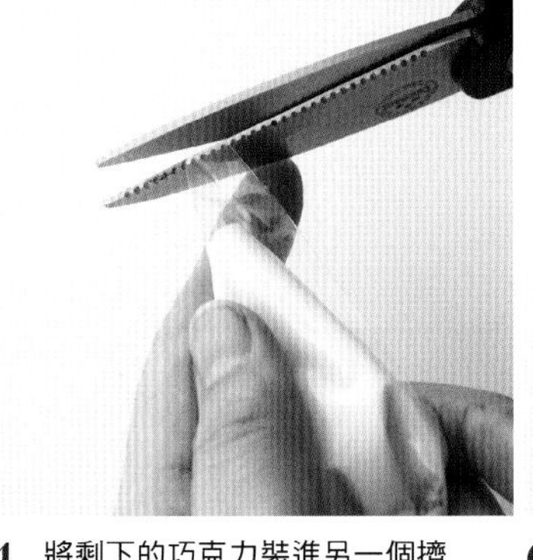

04 將剩下的巧克力裝進另一個擠花袋中，將前端稍稍剪開。

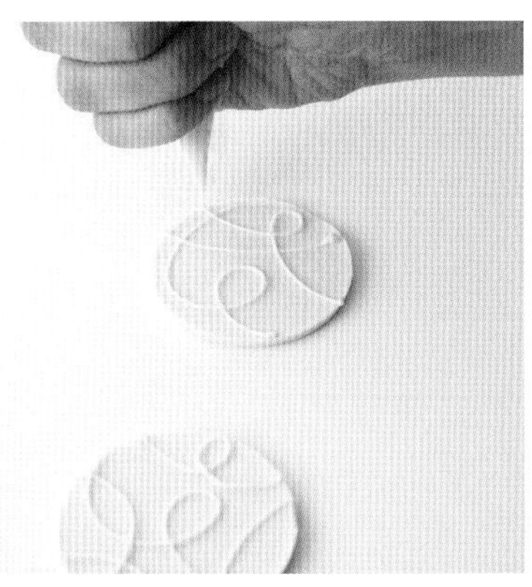
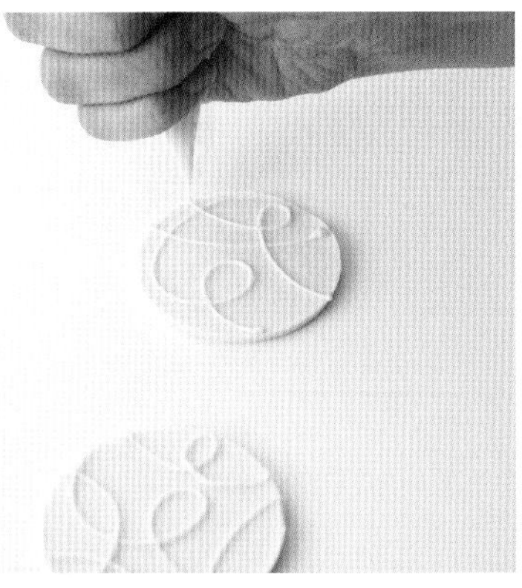

05 在脫模的巧克力上隨意描繪擠花線條。也可使用其他顏色的巧克力來畫線。

06 隨喜好灑上銀箔砂糖。此時由於底板巧克力已經凝固，因此可以灑在線條上。

LESSON 3

Tablette Saison

季節平板

將巧克力倒進板狀巧克力模型中，灑上喜愛的堅果或果乾作為配料。
只要裝飾一下，作為禮物絕對也能使收禮者感到開心。

Tablette Figue

平板無花果

材料

甜巧克力…200g
無花果（乾燥無花果）
…適量
橘子皮…適量
葡萄乾…適量

※配料可使用自己喜愛的果乾、堅果等。也可使用白巧克力或牛奶巧克力製作。

使用模型

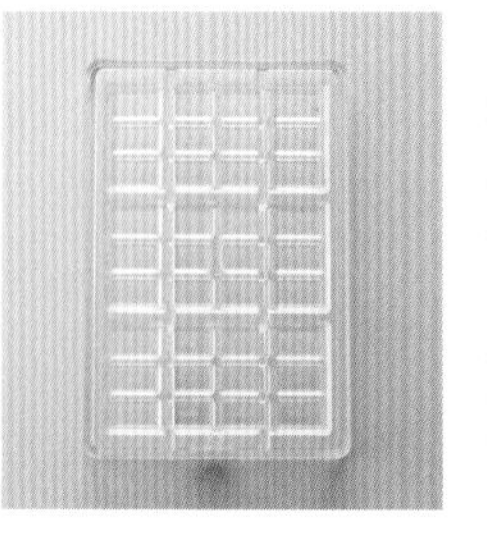

板狀巧克力模型：1片尺寸5.5×12cm。聚碳酸酯製。

前置準備

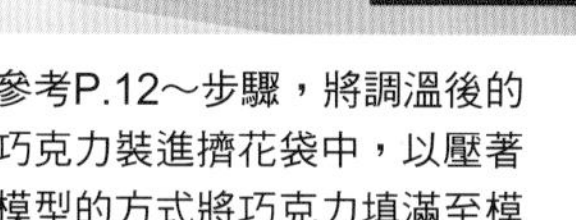

使用尺寸較大的模型時，
擠花袋開口可以剪寬一些。

01 參考P.12～步驟，將調溫後的巧克力裝進擠花袋中，以壓著模型的方式將巧克力填滿至模型邊緣。

02 輕敲使空氣浮出、巧克力平整。留心不要過度傾斜，導致巧克力流出模具邊緣。

擺放喜愛的材料作為配料

03 放上喜愛的材料作為配料。巧克力一旦凝固，就無法固定配料，因此要盡快進行。

配料範例

04 擺放完成後，以手指輕輕按壓配料。放進冰箱冷卻凝固，翻過來便能脫模。

配料選擇自己喜好的材料。堅果放進預熱180℃的烤箱中烘烤約10分鐘；果乾要切一下。

糖漬食用花也非常華美。將蛋白塗在花瓣上，再塗抹微粒細砂糖，乾燥幾天後便完成。

LESSON 4

Puff Chocolat

米香巧克力

具有爽脆口感而非常受歡迎的棒棒糖型巧克力。其迷人之處在於，由於添加米香，即使有一定厚度，也不會過於堅硬、容易入口。只要換個形狀，也能千變萬化。

Lollipop Lapin, Rose

兔子棒棒糖、玫瑰

材料

白巧克力…100g
麥芽米香粒…10g
冷凍乾燥草莓粉…適量
（觀察顏色進行添加）

※幸運草模型使用抹茶及白巧克力1比3搭配進行調溫，添加麥芽米香粒後，與玫瑰使用相同方法凝固。

使用模型

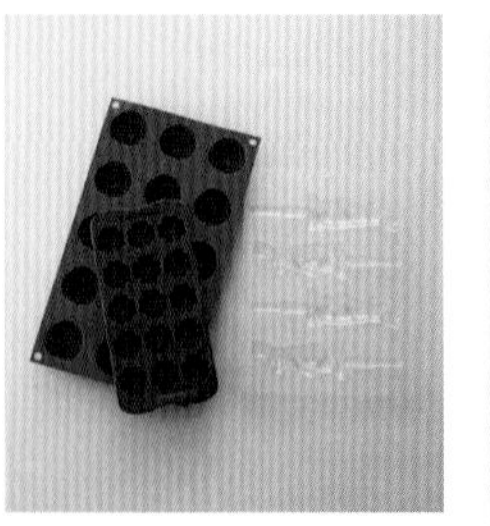

右起為兔子棒棒糖型：兔子部分10×3.5cm、聚乙烯製。玫瑰、幸運草型：矽膠製。

Finish

前置準備

填入模型

01 參考P.18步驟，將巧克力進行調溫後，添加麥芽米香粒，攪拌均勻。若凝固便以吹風機進行調整。

02 以湯匙或小的橡膠抹刀，將巧克力平放進模具中，約九分滿。由於會凝固得非常快，請一個個進行。

03 在桌上輕敲，使空氣浮出。添加麥芽米香粒後，空氣很容易跑進去，還請多加留心。

加上棍棒

製作玫瑰

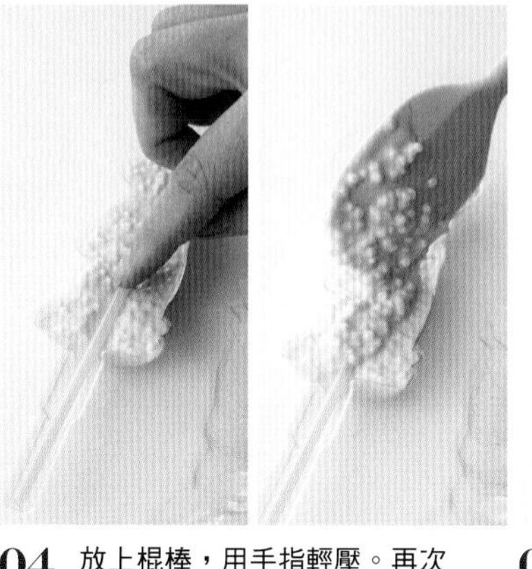

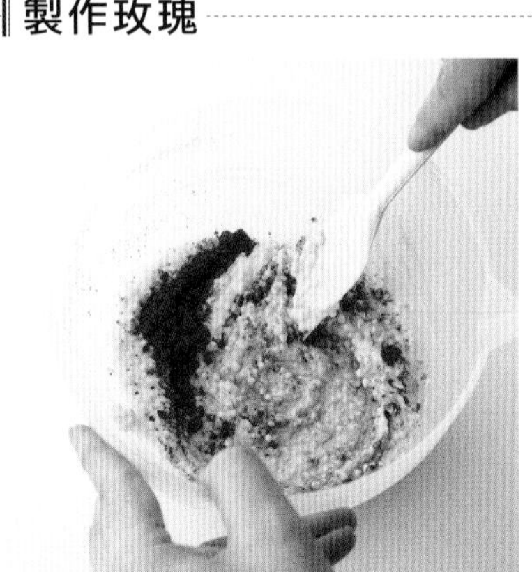

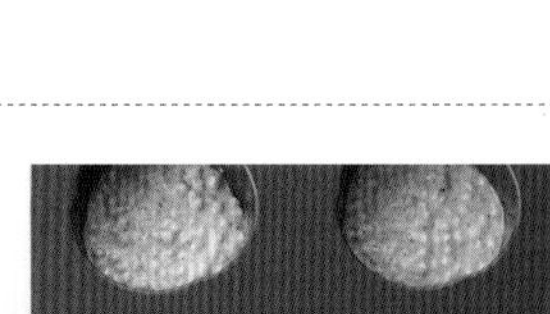

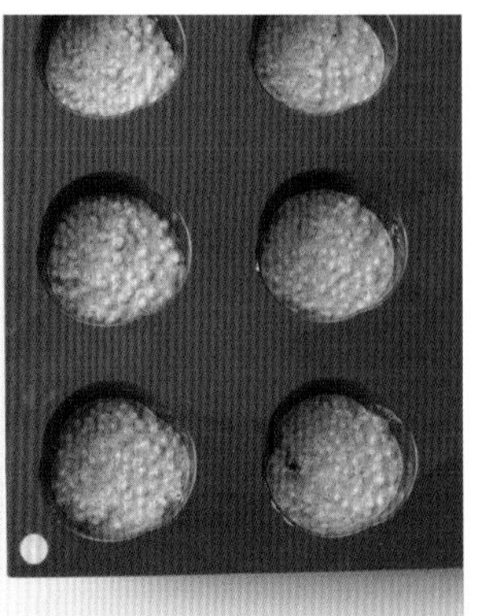

04 放上棍棒，用手指輕壓。再次放上少量加了米香的巧克力後，敲出空氣，冷卻凝固。

05 將冷凍乾燥草莓粉與麥芽米香粒，加進調溫後的白巧克力，攪拌均勻。

06 將巧克力填進矽膠玫瑰模型，約至1/3高度。翻過來按壓便能脫模。

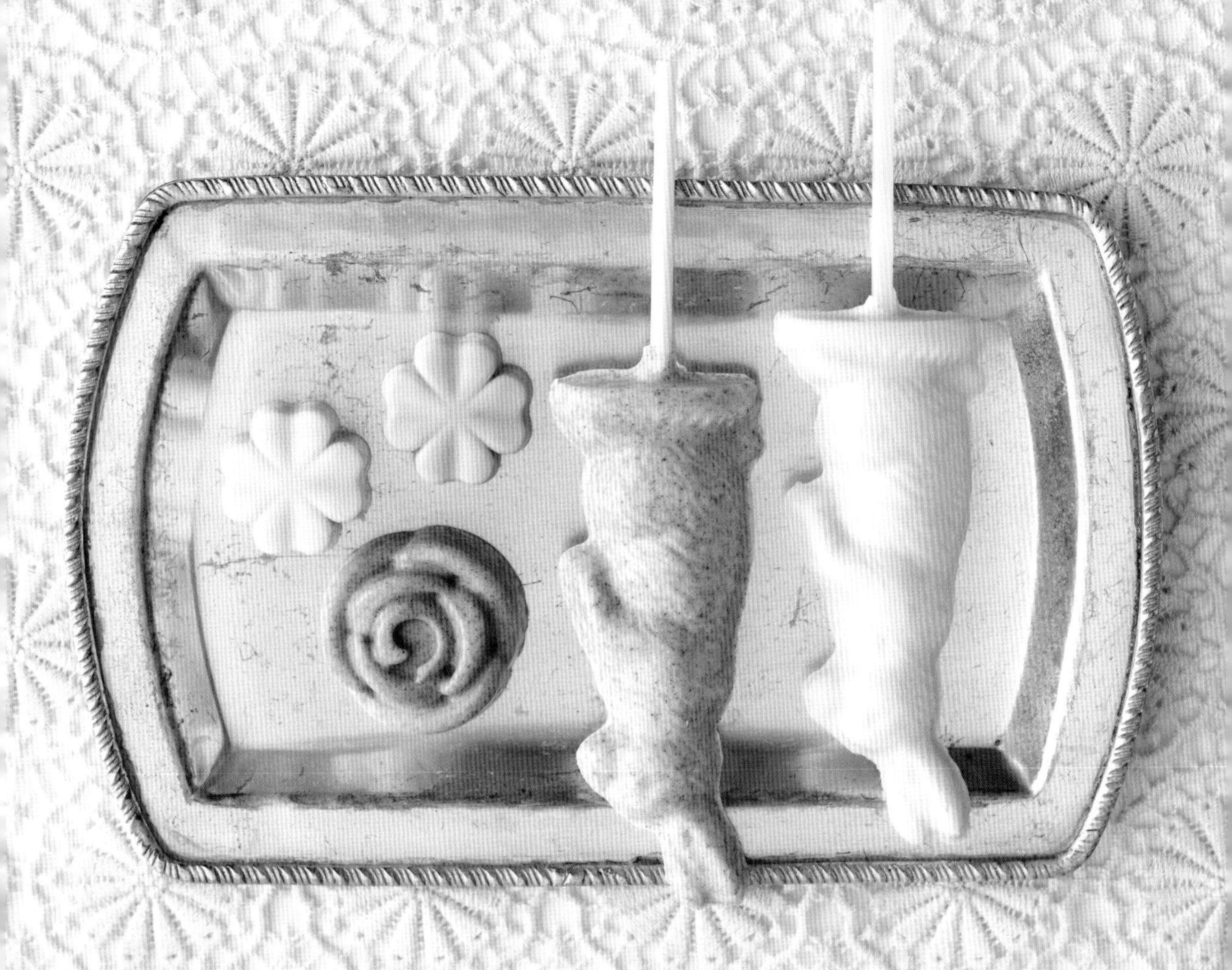

Facile Truffe

松露巧克力

使用市售的松露球（盒裝球狀巧克力）便能輕鬆製作的松露巧克力。
也很建議將此作為第一次嘗試灌入甘納許的項目。

Fraise

草莓

材料

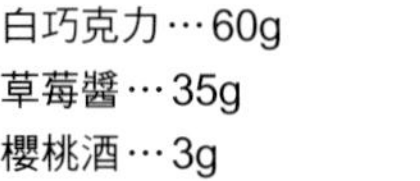

松露巧克力（白）…12個
●草莓甘納許
白巧克力…60g
草莓醬…35g
櫻桃酒…3g

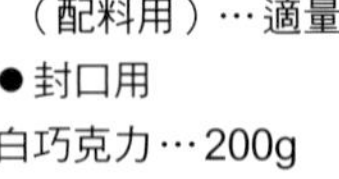

冷凍乾燥草莓片
（配料用）…適量
●封口用
白巧克力…200g

使用模型

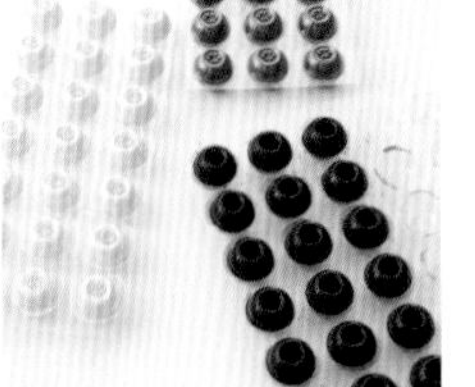

松露球有甜、牛奶和白巧克力等不同口味。可選用自己喜好的品項。

Finish

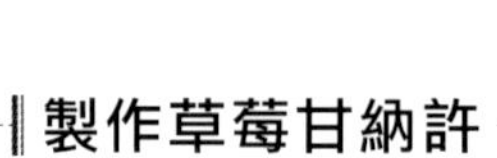

製作草莓甘納許

01 使用草莓醬。可以使用解凍後的冷凍草莓醬；也可以用果汁機將新鮮草莓打成泥狀。

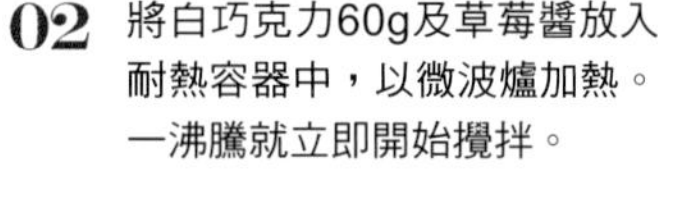

02 將白巧克力60g及草莓醬放入耐熱容器中，以微波爐加熱。一沸騰就立即開始攪拌。

03 若未溶解，就再加熱幾秒鐘，使其成為濃稠的甘納許。同時加進櫻桃酒攪拌。

擠進松露球中

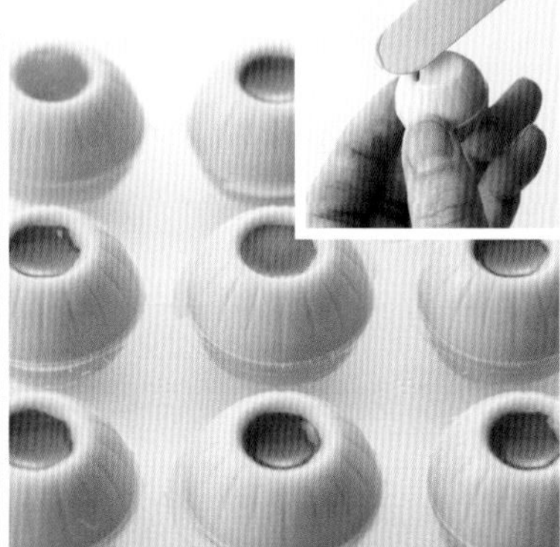

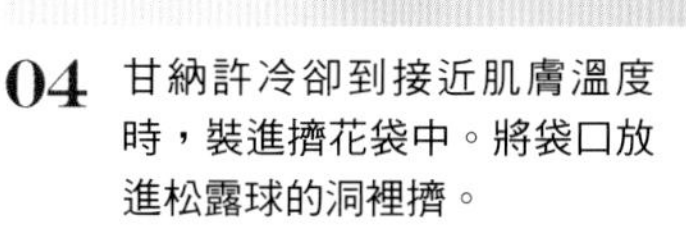

04 甘納許冷卻到接近肌膚溫度時，裝進擠花袋中。將袋口放進松露球的洞裡擠。

05 裝大約九分滿，待其冷卻凝固。使用抹刀等工具，沾取調溫後的巧克力，將洞口封起。

06 封口也冷卻凝固之後，將其翻過來排列好，以調溫過的巧克力淋上線條、灑上草莓乾碎片。

Caramel Café

咖啡焦糖

材料

松露球（牛奶）…12個

●咖啡焦糖甘納許

砂糖…25g

水…10g

鮮奶油…50g（預熱至約60℃）

蜂蜜…5g

牛奶巧克力…35g

即溶咖啡（粉末）…1g

堅果顆粒（市售品、配料用）…適量

●封口用

甜巧克力…200g

Finish

製作焦糖

01 將砂糖與水放入鍋中開火，等到煮成焦糖色以後，倒入預熱好的鮮奶油及蜂蜜，攪拌均勻。

製作咖啡焦糖甘納許

02 將牛奶巧克力與即溶咖啡放進耐熱容器中，在01仍滾燙時倒入，攪拌均勻。

03 攪拌成為具濃稠度及黏度的甘納許後，冷卻至肌膚溫度，裝進擠花袋中，將袋口以剪刀剪開。

04 將擠花袋的袋口放進松露球中，填裝甘納許至九分滿，放進冰箱冷藏凝固。

封口並添加配料

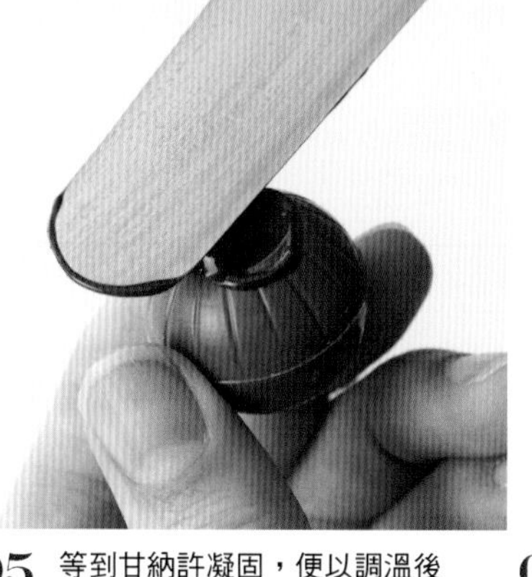

05 等到甘納許凝固，便以調溫後的甜巧克力進行封口。要注意不能有縫隙，確實密封。

06 將封好的松露球冷卻凝固。凝固後翻面放置，稍微排列一下以利配料加工。

07 將調溫後的甜巧克力裝進擠花袋中，每顆球分別擠上線條、灑上堅果裝飾。

Grand Marnier

橙酒

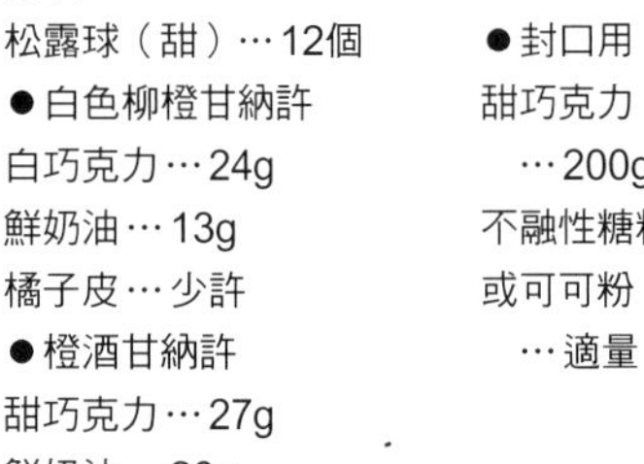

材料

松露球（甜）…12個
●白色柳橙甘納許
白巧克力…24g
鮮奶油…13g
橘子皮…少許
●橙酒甘納許
甜巧克力…27g
鮮奶油…20g
橙酒…2g

●封口用
甜巧克力
…200g
不融性糖粉
或可可粉
…適量

Finish

製作兩種甘納許

01 將白巧克力與鮮奶油放進耐熱容器中，以微波爐加熱，成為甘納許後便加入橘子皮。

疊放兩種甘納許

02 將甜巧克力與鮮奶油放進耐熱容器中，以微波爐加熱，成為甘納許後便加入橙酒混勻。

03 等到兩種甘納許都冷卻到肌膚溫度後，裝入擠花袋，先填裝白色柳橙甘納許。

04 灌注約松露球一半。盡量將甘納許等分給每顆巧克力。放進冰箱冷卻凝固。

沾附糖粉做為收尾

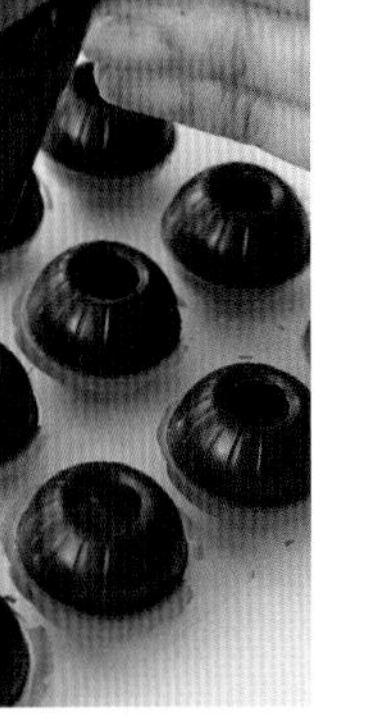

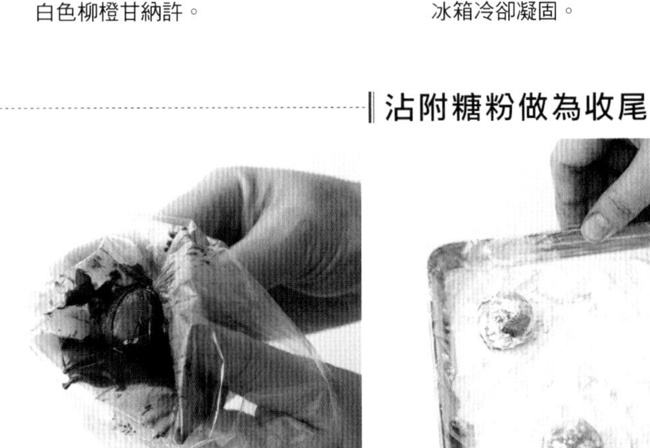

05 填入橙酒甘納許至九分滿，冷卻凝固後，再以調溫後的甜巧克力封口。

06 將調溫後的巧克力及凝固的松露球放進擠花袋中，使松露球表面沾上巧克力。

07 將松露球放到灑了不融性糖粉的托盤上，傾斜托盤使松露球滾動，整體沾上糖粉後便完成。

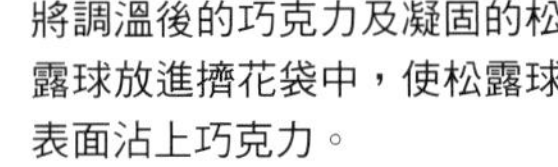

CHAPTER 2

Bonbons Enrobés

以包覆甘納許方式製作的巧克力

外層是香脆巧克力；裡面則是濃稠的生巧克力，
這正是令人心神嚮往的夾心巧克力。
學會基本製作方式後，只要稍作變化，
便能輕鬆製作原創的調味甘納許。
另外，若用上彩色轉印貼紙或者金箔等，
便能做出宛如羅列於專賣店裡的巧克力。

使用轉印貼紙製作的五彩繽紛夾心巧克力

LESSON 5
基本的甘納許包覆巧克力

首先要學會甘納許的製作方式，然後是切割、包覆、收工等。先好好學會所有基本製作方式。

LESSON 6
堅果糖歐蕾巧克力

此款夾心巧克力添加香氣十足的堅果糖，甘納許也更加美味。此處介紹使用轉印貼紙，使其變得五彩繽紛的技巧。

LESSON 7
抹茶巧克力

填入使用白巧克力的和風甘納許。在形狀方面下點功夫，挑戰模切。花樣種類便能更加繁多。

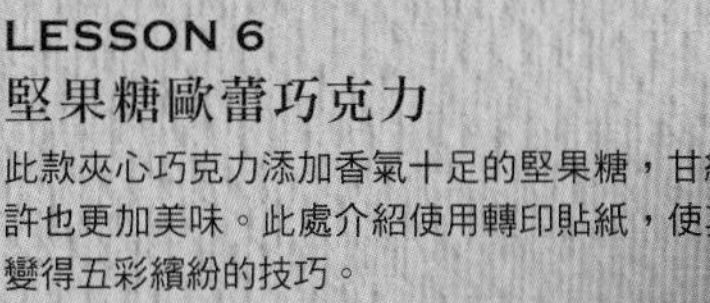

LESSON 5

Base de Bonbons Enrobés

基本的甘納許包覆巧克力

製作中間的甘納許時，要融合巧克力與鮮奶油，攪拌直至它成為濃稠又具光澤的樣子。
之後薄薄塗一層巧克力在凝固的甘納許上，再進行漂亮的切割完工。
事前準備做得確實，便是順利完成的重點。

Calvados

蘋果白蘭地

材料

●蘋果白蘭地甘納許

苦甜巧克力（可可亞成分65%）…73g

鮮奶油…47g

蜂蜜…7g

蘋果白蘭地…6g

（也可使用白蘭地或干邑白蘭地）

●外層包覆用

甜巧克力…400g

※步驟10中使用於「披覆」的外層包覆用巧克力，使用的是只使其融化，調溫到一半的（並未完成調溫）巧克力。

使用模型

以硬紙板做出12×9cm的外框。高度約2cm。將烘焙紙平鋪緊貼於硬紙板內。

Finish

前置準備

01 將硬紙板作的外框放在托盤上，剪開烘焙紙四角，使其可平鋪緊貼於硬紙板內。

製作甘納許

02 將苦甜巧克力、鮮奶油及蜂蜜放進耐熱容器中，以微波爐加熱，邊觀察融化情況。

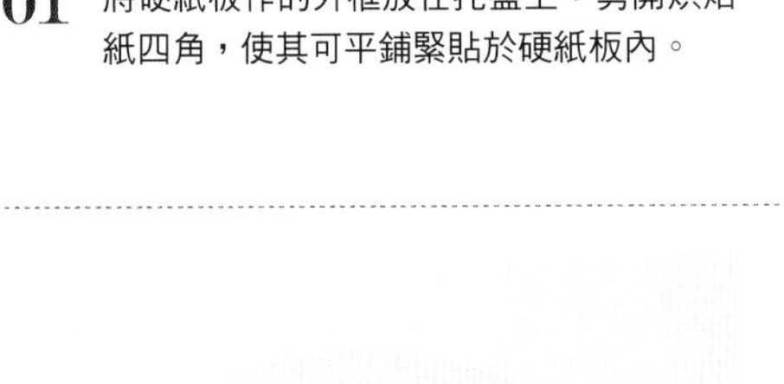

03 整體融化、中間開始冒泡泡、出現沸騰狀態，便由微波爐中取出。鮮奶油會浮在上方，看不到巧克力。

04 以打蛋器緩緩由中心開始攪拌，巧克力便會現身。此時要留心不可用力攪拌造成起泡。

05 雖然攪拌均勻，但之後會出現分層的狀況，因此跑出顆粒狀物體。在此狀態下凝結的話，會變成粗糙有顆粒的甘納許。

06 持續攪拌時，會有一段時間，甘納許變得有黏性、很難攪拌且具光澤。請持續攪拌到出現此「乳化狀態」。

倒入蘋果白蘭地

07 由於利口酒在加熱後，香氣就會四散，因此添加在完成後的甘納許中，攪拌均勻。

倒進模型中

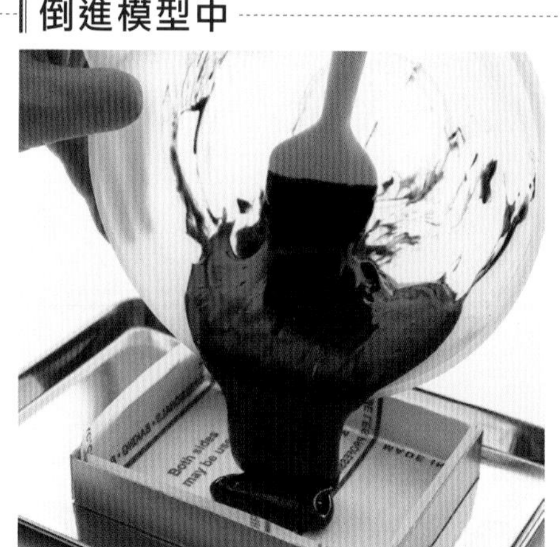

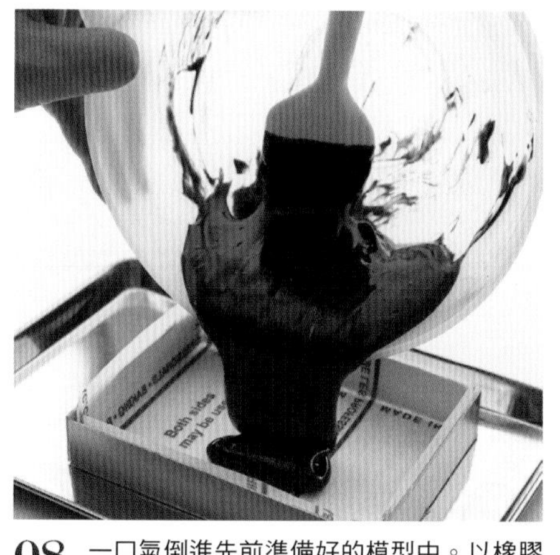

08 一口氣倒進先前準備好的模型中。以橡膠刮刀將大碗中的巧克力刮乾淨，倒進模型裡。

冷卻凝固

使巧克力結晶安定

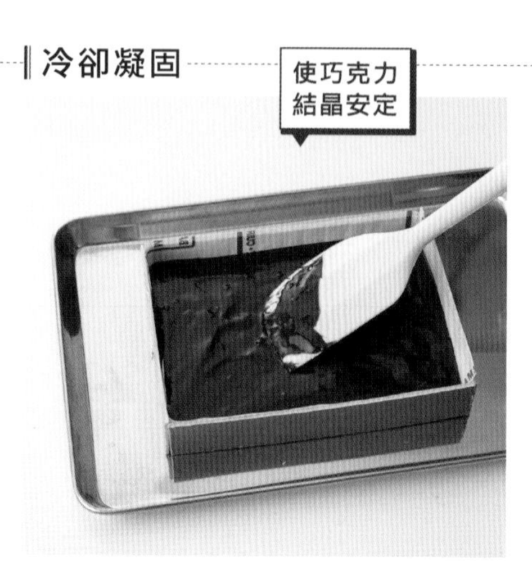

09 倒進模型後，將其抹平，在尚未乾燥時便蓋上，放進冰箱裡冷藏。凝固後就以保鮮膜密封，放1～2晚使其冷卻凝固。

為了不使其四散，在其周圍塗上一層薄薄的巧克力，此製程稱為「披覆」。

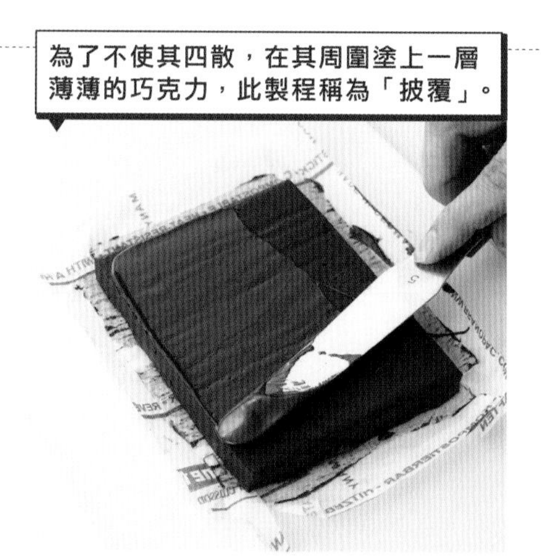

10 融化包覆用的巧克力400g，披覆於甘納許表面。凝固後將背面的烘焙紙取下，一樣進行披覆。

切割甘納許

先行加熱刀子，便能在切割甘納許時不會破壞它。

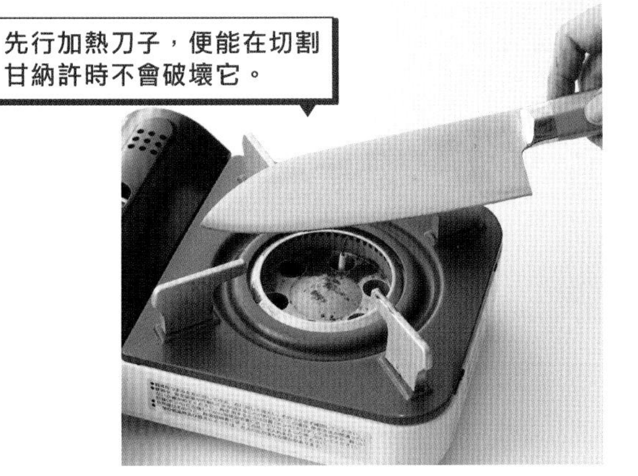

11 將刀子稍微放在瓦斯爐火焰上加熱。

12 將甘納許切為3cm正方體。每切一刀就在紙上擦拭刀子，並且重新加熱。

分開擺放

13 將每顆甘納許分開，於室溫下放置約10分鐘左右。若太冰會導致包覆失敗，因此不放進冰箱裡。

包覆

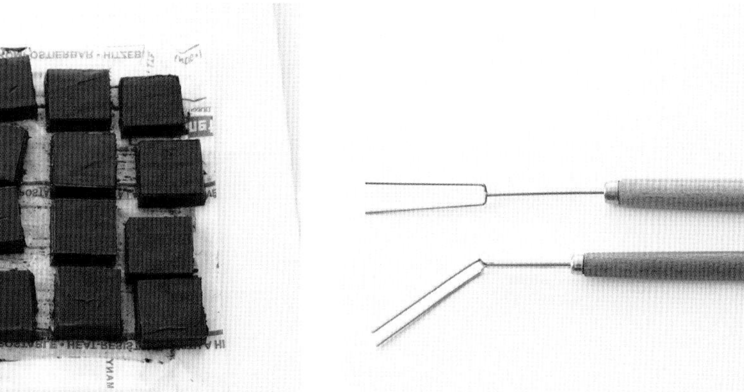

14 將市售的巧克力叉稍作彎折，便能簡單撈起巧克力。小心彎折、注意不要折斷。

15 參考P.12～步驟，將剩下的包覆用巧克力進行調溫。將甘納許平放其上，水平壓下。

16 輕輕將巧克力淋在甘納許表面，使其稍微淹沒於巧克力中。注意不要壓進去。

滴落多餘巧克力

17 將巧克力叉放在甘納許下，注意勿使其傾斜。輕巧的將甘納許水平撈起。

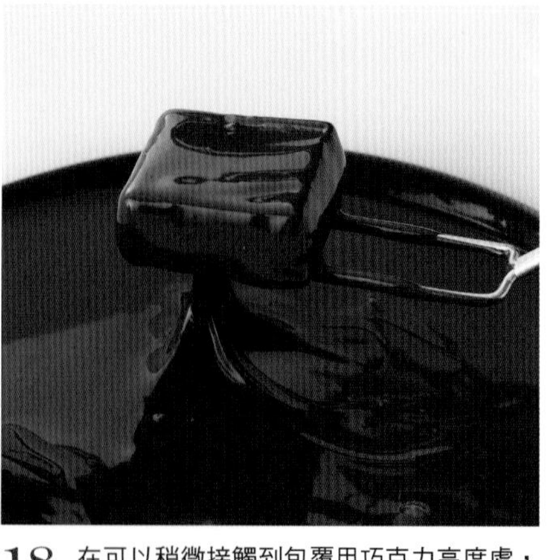

18 在可以稍微接觸到包覆用巧克力高度處，略略上下擺動巧克力叉3～4次，使多餘的巧克力滴落。

進一步去除多餘巧克力

19 輕輕拿起甘納許，以刮刀將沾附在底部的多餘巧克力刮除。

20 立即將甘納許輕輕滑落放置在烤箱紙或烘焙紙上。

POINT

進行包覆時，重點是甘納許浸泡於巧克力中的時間要盡量短暫。
左邊的包覆層薄、口感良好，也較容易化於口中。
右邊包覆層厚，便會堅硬且不易化開。

裝飾完工

在巧克力尚未凝固時，
進行裝飾完工

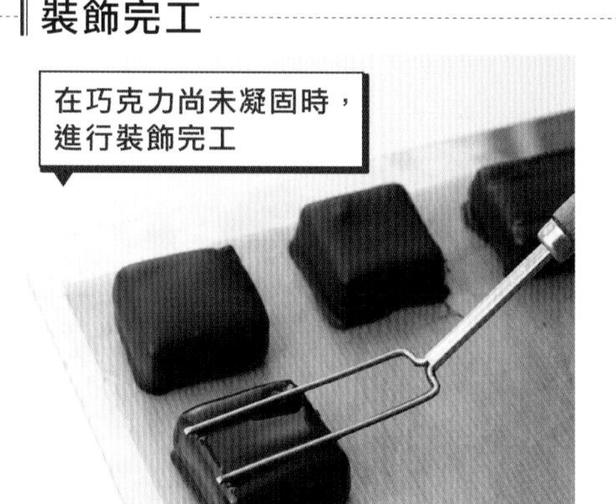

21 將巧克力叉放在表面上，抬起1～2mm，然後抽回巧克力叉。如此便能加上線條圖案。

裝飾完工多樣化

以下介紹使用透明薄膜，
以及被稱為壓模片、
具有凹凸圖案的塑膠板的變化版本。
也可以使用珍珠粉或者金箔，來帶出巧克力質感。

使用壓模片

壓模片可切割成比巧克力大些的尺寸來使用。

◉壓模片＋珍珠粉

01 包覆完成後接著P.46的步驟20，於巧克力表面未乾燥之際，將剪好的壓模片水平放在巧克力上。

02 輕輕以手指由上方平均按壓。注意不要壓太大力。另外，也要留心勿使空氣跑進去。

03 冷卻凝固後便將壓模片拿起。以筆刷輕沾珍珠粉，刷在巧克力表面上。

◉薄膜＋金箔

01 將透明薄膜剪得比巧克力大些，放在包覆好的巧克力表面上，平均輕壓。

02 冷卻凝固後取下薄膜。以鑷子將金箔放在平坦的表面上。

LESSON 6

Praliné Au Lait Bonbons Enrobés

堅果糖歐蕾巧克力

以牛奶巧克力為基底，在甘納許中添加香氣十足的堅果糖。
採用五彩繽紛的轉印貼紙，打造視覺滿分的巧克力。

Praliné Au Lait

堅果糖歐蕾

材料

●堅果糖歐蕾甘納許
牛奶巧克力（可可亞成分44%）…80g
鮮奶油…34g
杏仁堅果糖…10g
橙酒…3g

●包覆用
甜巧克力…400g

使用轉印貼紙

以食用色素將圖樣印刷在透明膜上。花樣種類繁多。

Finish

製作甘納許

橙酒於加熱後再添加。

01 參考P.43～步驟，與蘋果白蘭地甘納許相同，製作添加了堅果糖歐蕾的甘納許。

02 參考P.44～步驟，將甘納許倒進模型中，待冷卻凝固後，披覆兩面。切為3cm方塊後放置。

03 參考P.12～步驟，將甜巧克力調溫後進行薄薄一層包覆，滴落多餘巧克力。

裝飾收工

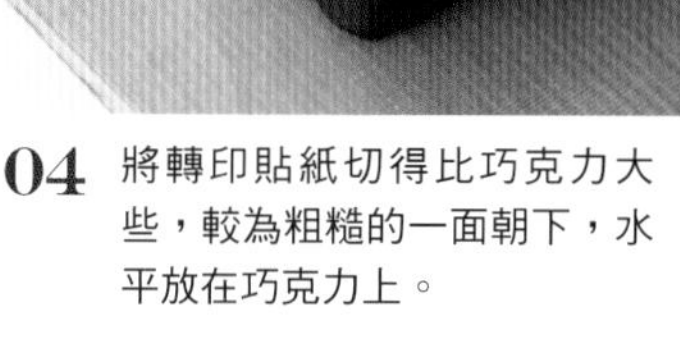

04 將轉印貼紙切得比巧克力大些，較為粗糙的一面朝下，水平放在巧克力上。

05 以手指輕輕平按，或者可用平坦的物品輕壓。留心不要按壓過度。

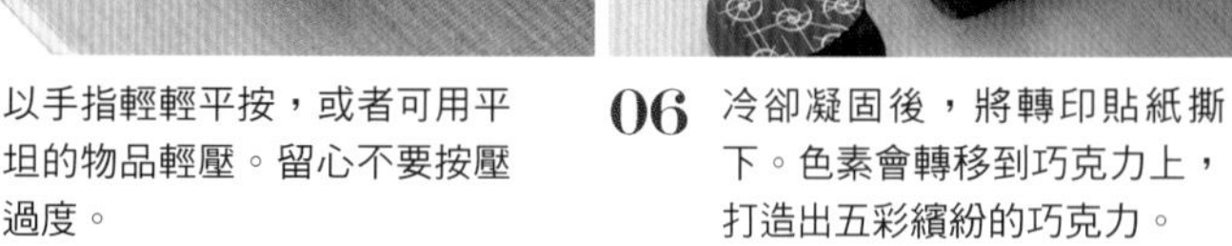

06 冷卻凝固後，將轉印貼紙撕下。色素會轉移到巧克力上，打造出五彩繽紛的巧克力。

LESSON 7

The Vert Bonbons Enrobés

抹茶巧克力

以白巧克力為基底，打造具有抹茶香氣的甘納許。由於是和風口味，同時使用和風圖樣的轉印貼紙來裝飾巧克力，會更加有異國情調而時髦。

The Vert

抹茶

材料

●茶香甘納許

白巧克力（可可亞成分40%）…97g

鮮奶油…25g

抹茶…2g

水…6g

●包覆用

甜巧克力…400g

使用轉印貼紙

和風圖樣的轉印貼紙。裁剪為比預定製作的夾心巧克力稍大些。

Finish

製作甘納許

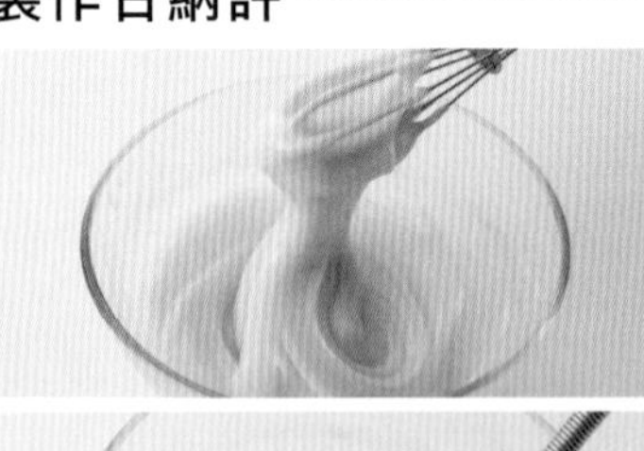

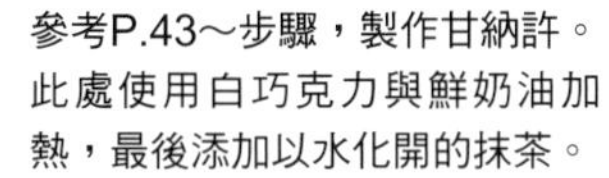

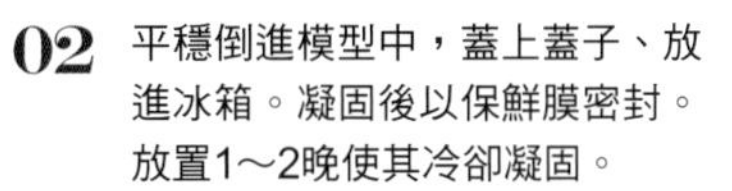

01 參考P.43～步驟，製作甘納許。此處使用白巧克力與鮮奶油加熱，最後添加以水化開的抹茶。

02 平穩倒進模型中，蓋上蓋子、放進冰箱。凝固後以保鮮膜密封。放置1～2晚使其冷卻凝固。

03 參考P.44步驟，將茶香甘納許表面整體進行披覆，切割成自己喜愛的大小，或以加熱的模型模切。

裝飾完工

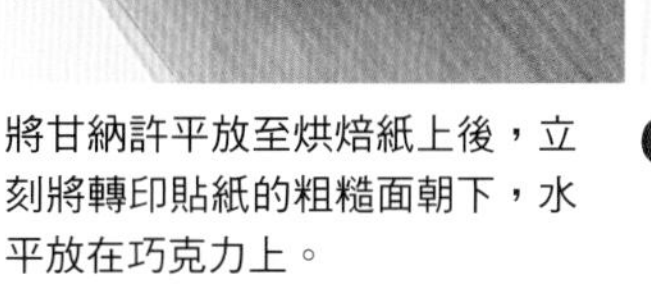

04 參考P.12～步驟，以調溫後的甜巧克力進行包覆。同樣使用巧克力叉，並滴落多餘巧克力。

05 將甘納許平放至烘焙紙上後，立刻將轉印貼紙的粗糙面朝下，水平放在巧克力上。

06 以手指由上往下平壓，注意不要按壓過度。冷卻凝固後撕下貼紙。

CHAPTER 3

Bonbons Moulés

填入甘納許或餡料的灌模巧克力

你是否曾經非常憧憬，以巧克力打造一層薄薄的外殼，將甘納許、果醬和海綿蛋糕等填充進去，再以巧克力封口，那種閃閃發亮的灌模巧克力呢？和灌模巧克力相同，要正確進行調溫，之後製作甘納許時，務必使用指定之可可亞含量的巧克力，這便是成功的秘訣。

選用喜愛的形狀，
在外殼上下點功夫。
放進去的材料，
也可混搭不同口感的東西。

LESSON 8

填滿甘納許的
基本灌模巧克力

詳細解說正確的調溫、工作方式以及流程步驟。先學會基本製作方式後，再往下一步前進吧。

LESSON 9

填滿有料甘納許的
單色巧克力

入口即化的甘納許、以及口感不同但口味相合的材料，搭配組合後放進巧克力。

LESSON 10

雙層甘納許的
大理石花紋巧克力

使用顏色不同的巧克力，製作具有天然大理石花紋的巧克力外殼。堆疊不同口味的兩層甘納許，使口味更有廣度。

LESSON 11

擠花裝飾巧克力

在巧克力杯中放入奶油，宛如點心。當中也可混搭具有爽脆口感的法式脆餅或者果醬。

LESSON 12

巧克力上色（色素）

使用添加可可脂的巧克力色素，打造五彩繽紛的閃爍光芒。可以試著挑戰各種顏色。

LESSON 13

巧克力上色（混合）

浮現出宛如日式玻璃或彈珠般的透明感，與復古氛圍色彩。當中放了有洋酒香氣的海綿蛋糕。

LESSON 14

和風巧克力

在海外有名的巧克力職人當中，也非常受到矚目的，便是使用了日式材料的巧克力。除了內餡以外，也非常注重外型。是真正的和風巧克力。

LESSON 15

立體型巧克力

放入香檳口味甘納許的特殊夾心巧克力。兩個相同形狀巧克力的結合在一起，便成為立體的寶石。

LESSON 8

Base de Bonbom Moulés

填滿甘納許的
基本灌模巧克力

順利製作夾心巧克力的重點，便在於正確的調溫與作業流程步驟，以及手腳要俐落。
製作巧克力外殼時，份量過少會立即凝固，不好作業。
因此建議調溫時要多準備一些巧克力。

Grand Marnier

橙酒

材料

可可豆型模型…12個分
苦甜巧克力（外殼用）…400g
●橙酒甘納許
甜巧克力（可可亞成分55%）…50g
鮮奶油…37g
橙酒…4g
金箔噴霧…適量

使用模型

可可豆型模型：24個。聚碳酸酯製。本次製作需要12個。

前置工作

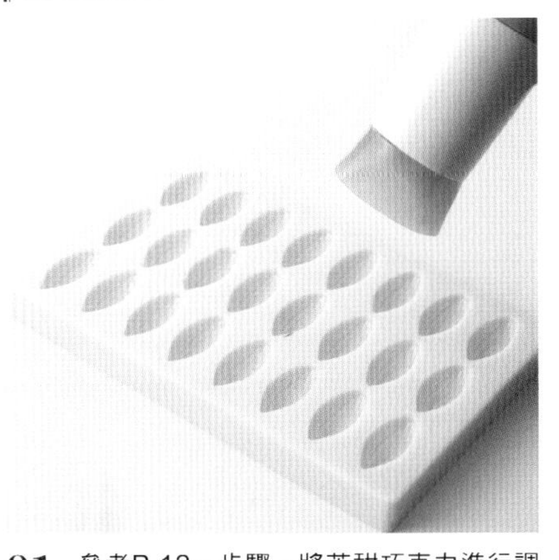

01 參考P.12～步驟，將苦甜巧克力進行調溫。若模型冰冷，巧克力會很厚，因此先以吹風機加熱模型。

02 以指腹沾取調溫完成的巧克力，塗抹在模型凹陷內側，注意不要使氣泡進入。

製作巧克力外殼

03 將模型放在矽膠墊上，迅速將調溫完成的巧克力倒進模型中，填滿模型凹陷處。

POINT

在不會破壞調溫的前提下，將巧克力的溫度提升到極限，能夠提高流動性，可做出較薄的外殼。

滴落多餘巧克力

04 以塑膠刮刀快速將巧克力抹平，拿起模型在軟墊上輕敲，使空氣浮出。之後的步驟也要迅速進行。

05 單手拿起模型，在大碗上翻面，以三角刮刀的刀柄輕敲模型側面，以振動使多餘的巧克力流下。

06 模型維持翻過來的狀態，以三角刮刀將多餘的巧克力刮下。大致上處理一下就可以。

07 沾在刮刀上的巧克力，如果不立刻鏟掉，會很快凝固，導致無法將巧克力處理乾淨。

08 在軟墊上以兩手拿起模型翻面，輕輕敲擊，繼續去除多餘的巧克力。

刮除多餘巧克力

09 以三角刮刀在模型上往前刮，沾在刮刀上的巧克力就用大碗邊緣鏟掉。

10 模型平放，將沾在表面上的巧克力鏟乾淨。模型上儘量不要殘留巧克力。

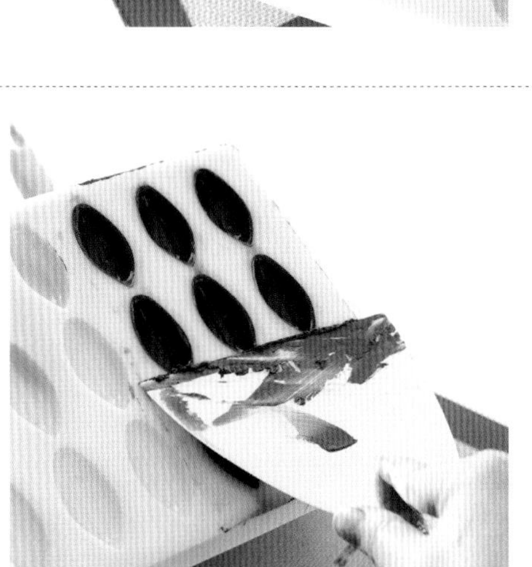

11 不小心沾到模型側面的巧克力，一樣要鏟掉。這樣才不會弄髒手或冰箱，也不會浪費巧克力。

巧克力外殼完成

12 巧克力外殼製作完成。若巧克力上沒有洞、且厚度均一，便成功了。口感也會比較好。

EXAMPLE

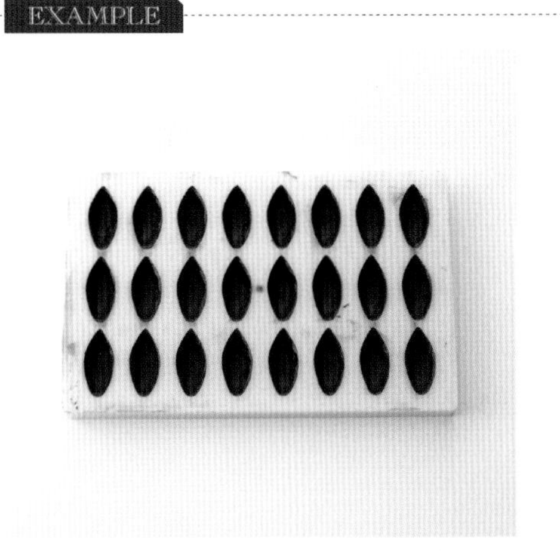

想製作很多時，可以如上幅照片，使用整個模型。

製作甘納許

13 參考P.36～步驟，製作甘納許。此處使用甜巧克力與鮮奶油、以微波爐加熱後，持打蛋器攪拌均勻。

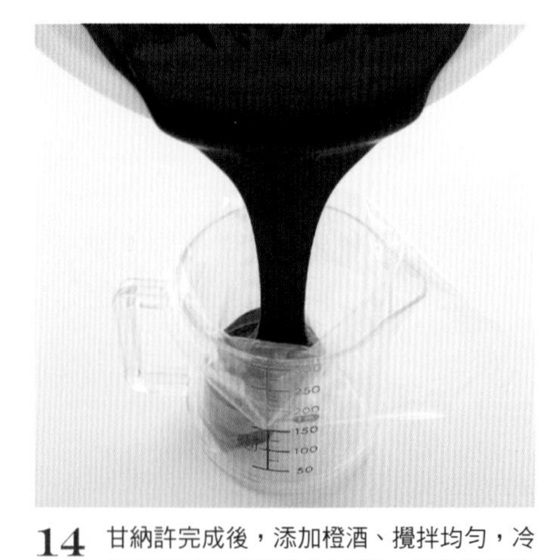

14 甘納許完成後，添加橙酒、攪拌均勻，冷卻至與肌膚接近的溫度後，裝進擠花袋中，剪開袋子前端約6mm左右。

填充甘納許

15 將擠花袋口輕壓在巧克力外殼上，平穩填入甘納許，至巧克力殼約九分滿處，注意不要使空氣跑進去。

POINT

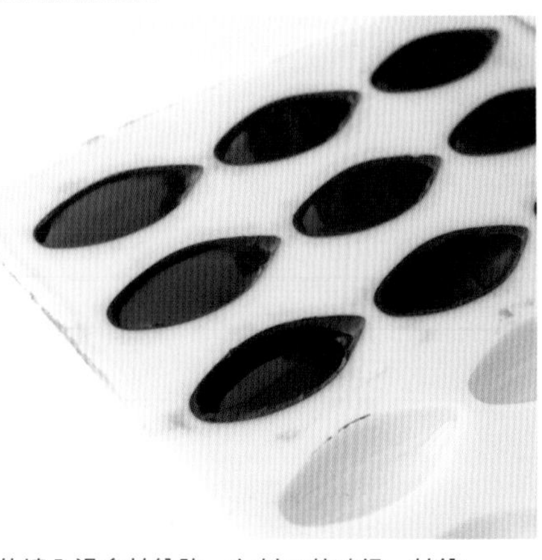

若填入過多甘納許，在封口的時候，甘納許會溢出；若太少則巧克力蓋會太厚，兩者都會影響口感。

16 填完甘納許後，放進冰箱冷卻凝固2小時以上。為了讓巧克力不要沾染到其他食物的味道，可蓋上托盤等物品。

封口（加蓋）

17 將模型從冰箱中取出，放置15分鐘左右、待其恢復為室溫，再迅速淋上重新調溫過的巧克力。

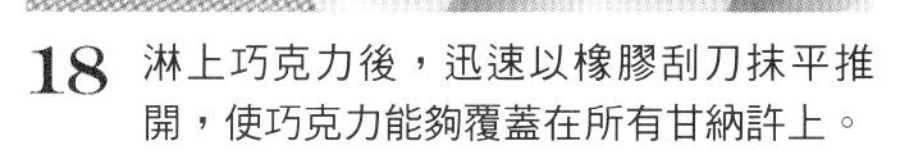

18 淋上巧克力後，迅速以橡膠刮刀抹平推開，使巧克力能夠覆蓋在所有甘納許上。

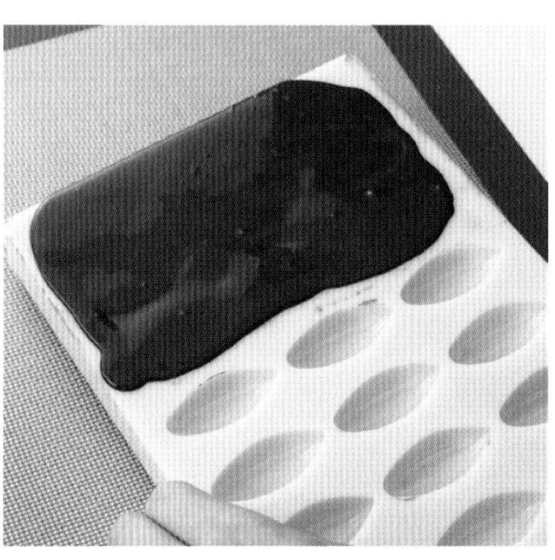

19 整面都蓋好巧克力後，兩手拿起模型，在軟墊上輕輕敲打，使空氣浮出。

20 將模型水平拿到大碗上方，以三角刮刀刮落巧克力。每刮過一次模型，就要用大碗邊緣鏟除三角刮刀上的巧克力。

NG

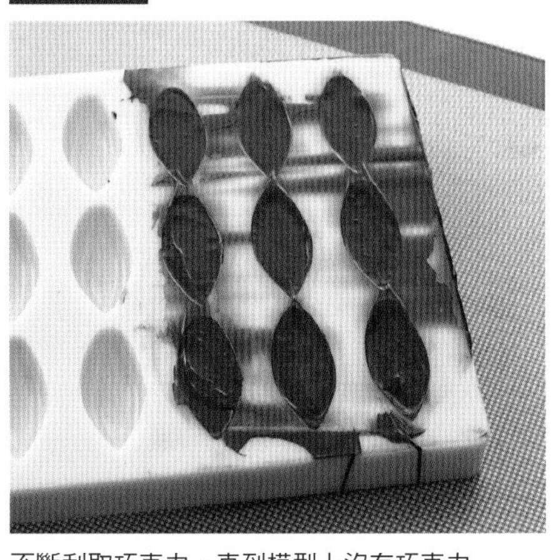

不斷刮取巧克力，直到模型上沒有巧克力殘留。刮的時候要注意巧克力蓋是否有漏洞。

冷卻凝固

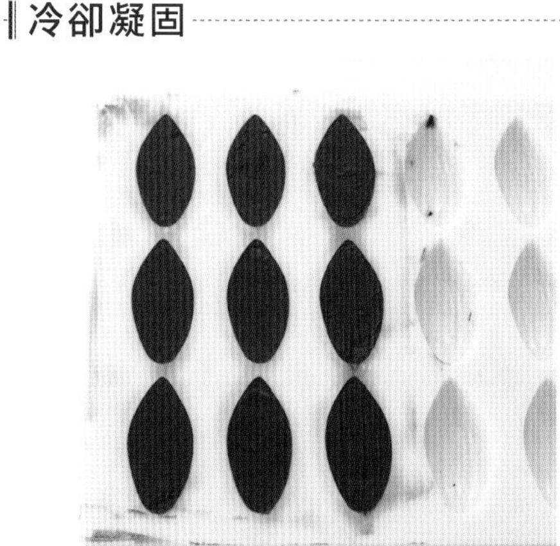

21 等到將模型清理乾淨後，便放進冰箱裡冷卻凝固。此時一樣為了避免巧克力沾染其他食物的味道，可蓋上托盤等物品。

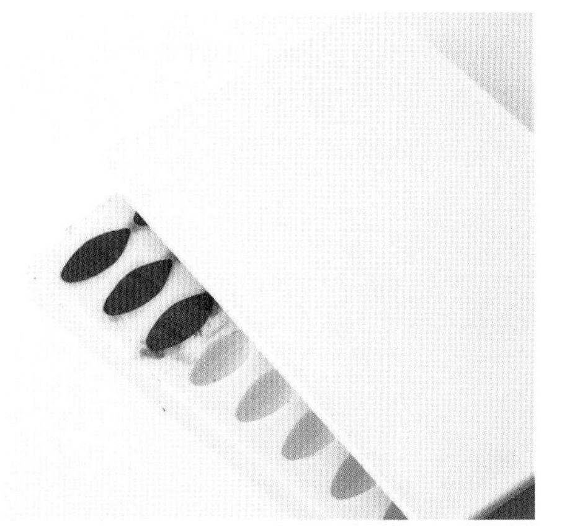

22 在冰箱裡冷卻凝固約30分鐘後取出，以砧板或堅固的板子蓋在巧克力上，然後一起翻面。

脫模

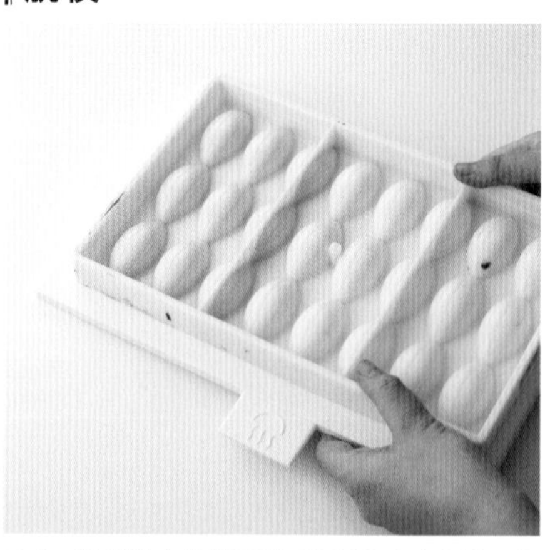

23 將翻過來的模型連同板子在桌上輕敲。輕輕拿起模型後，巧克力便可脫模。

24 若有尚未脫模的巧克力，請小心移開已經脫模的巧克力後，再次蓋上板子輕敲。

噴灑金箔噴霧

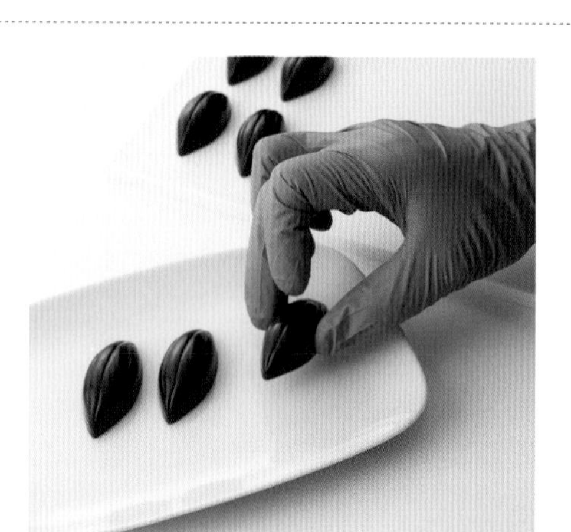

25 若直接拿取剛脫模的巧克力，容易留下指紋、或使其霧化，此處建議戴著手套進行作業。

26 收工採用重點式噴灑金箔，使其更為華美。要注意不可噴灑過多。

關鍵在正確調溫與手腳俐落

要完成美麗的灌模巧克力，正確的調溫不可或缺。若不好好進行調溫，便無法完美脫模、完成的樣子也沒有光澤。另外，動作太慢則巧克力殼會過厚、又或無法將蓋子邊緣收得乾乾淨淨，因此還請迅速進行。

製作完成的巧克力保存方式與期限

將巧克力並排放進密閉容器當中，不要相疊。然後裝進密閉袋中保存。理想環境為溫度15度、溼度50%以下。一般家庭建議放置在冰箱的蔬菜盒中。低溫盒、冷凍庫、冷藏庫當中溫度過低，回到室溫狀態下容易凝結水滴。本書中的食譜以水分較多的甘納許為主，因此製作完成後，請於10天左右食用完畢。

失敗範例與處理方式

無法脫模、甘納許歪向一邊、
巧克力殼過厚、
封口無法做得漂亮等等。
本頁介紹容易發生的失敗情況，
及其處理方式。

Q 無法脫模

A 翻過來敲打後，仍全部、或者部分無法脫模，原因在於沒有正確進行調溫。另外，若未充分冷卻，也無法脫模。參考P.12～步驟，重新處理一次吧。

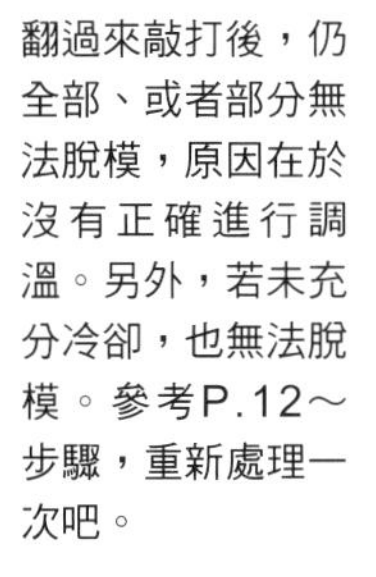

Q 出現白霜（表面宛如灑了一層白色粉末的狀態）

A 若在調溫最後階段，溫度提升太高，便容易形成白霜。另外，長時間放在冰箱中或高濕處容易凝結水滴，也會造成白霜。

Q 甘納許滲出

A 若甘納許的量過多，那麼不管進行幾次封口，甘納許都會滲出。填充的時候裝九分滿就好。若放太多，就掬起一些、再將表面抹平。

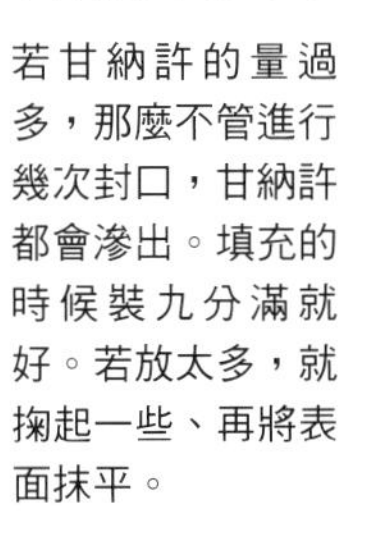

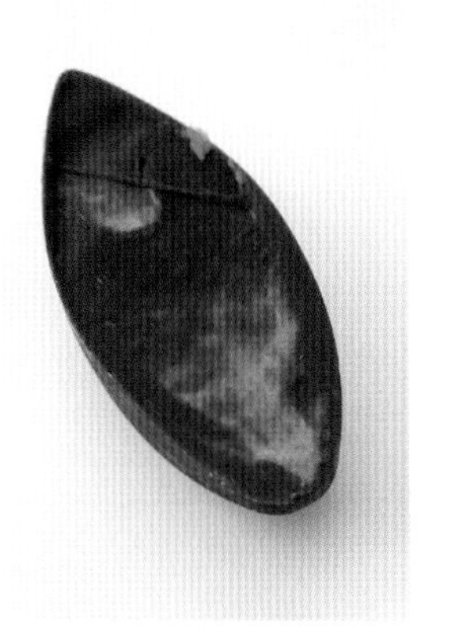

Q 巧克力殼過厚

A

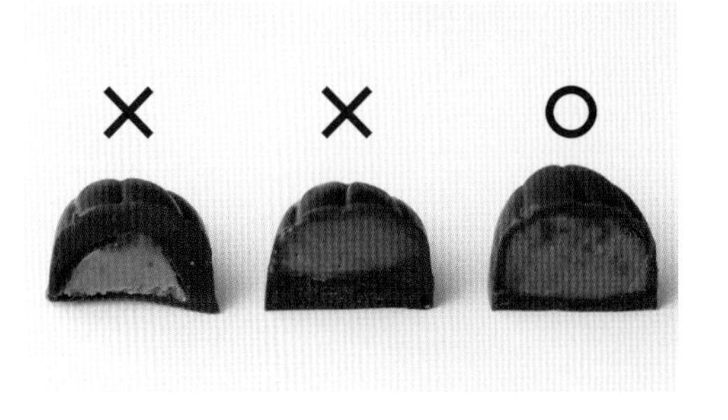

若巧克力殼過厚，便無法填充足夠的甘納許，咬下時會有堅硬的感覺。由於動作太慢便容易過厚，因此要俐落些。另外，將調溫時的溫度盡可能提高到極限，便能做得較薄。

Q 封口凹凸不平

A 將甘納許冷卻凝固後，以巧克力封口時，若模型冰冷、巧克力會立即凝固，便無法削得乾淨漂亮。必須回到常溫以後，再進行封口。另外，削平太多次也會在過程中逐漸凝固，要多加留心。

LESSON 9

Cerise,Orange Blanc,Caramel Citron

填滿有料甘納許的單色巧克力

試著將洋酒醃漬的果乾、或者果醬、焦糖等，口感及口味不同的填餡材料，
與入口即化、口感溫醇的甘納許一起填進巧克力中吧。搭配組合可互相襯托的材料，
即可變化出獨家的夾心巧克力。

Cerise

櫻桃夾心巧克力

材料

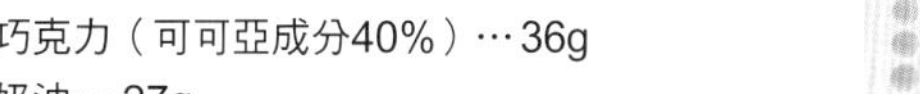

鑽石型模型…12個分
白巧克力（外殼用）…400g
●原味甘納許
甜巧克力（可可亞成分40%）…36g
鮮奶油…27g
洋酒醃漬櫻桃（市售商品）…6粒
金箔…適量

使用模型

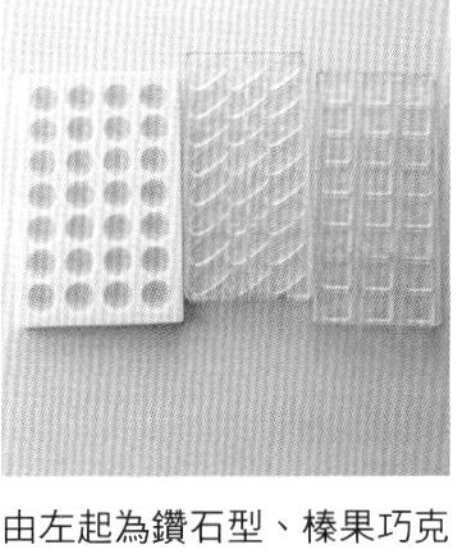

由左起為鑽石型、榛果巧克力型、方型：聚碳酸酯製。本次各模型製作為12個。

Finish

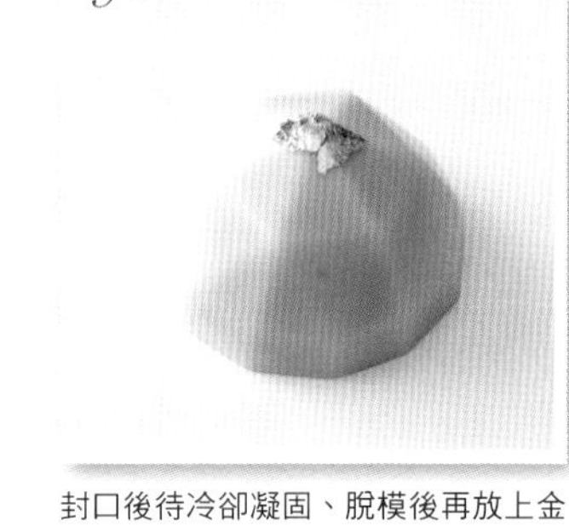
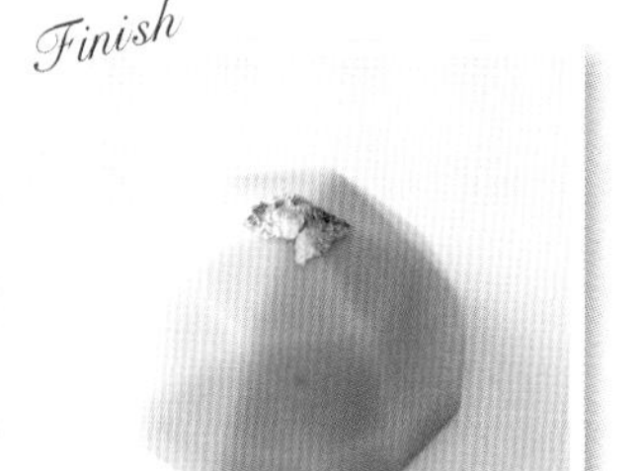

封口後待冷卻凝固、脫模後再放上金箔。

製作巧克力外殼

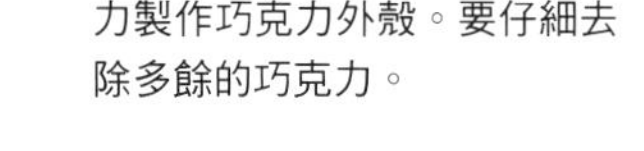
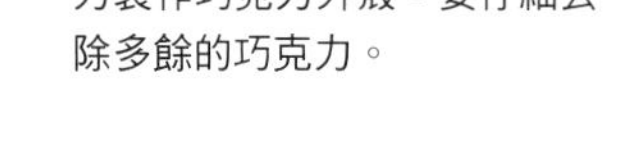

流動性比苦甜巧克力來得高，要多留心！

01 參考P.55～步驟，以白巧克力製作巧克力外殼。要仔細去除多餘的巧克力。

製作甘納許

02 參考P.36～步驟，製作原味甘納許。將甜巧克力及鮮奶油放進耐熱容器中，以微波爐加熱。

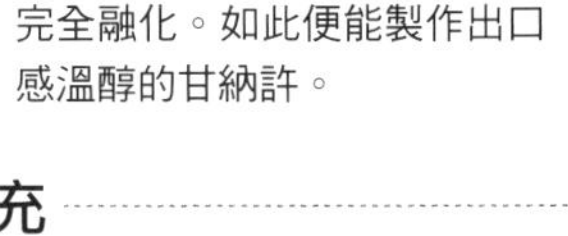

03 開始沸騰時，即以打蛋器仔細攪拌均勻，緩慢重複加熱至其完全融化。如此便能製作出口感溫醇的甘納許。

填充

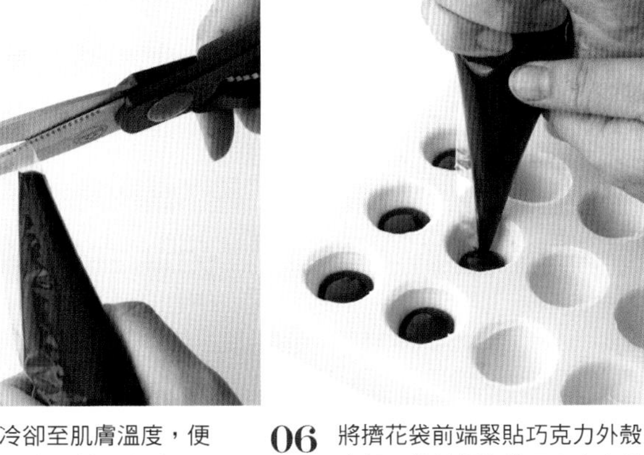
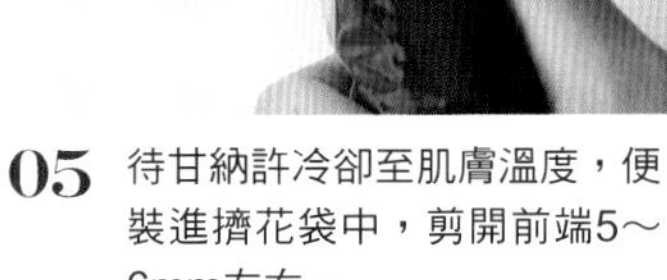

04 將洋酒醃漬櫻桃自容器中取出，切為一半後放在廚房紙巾上，確實瀝乾。

05 待甘納許冷卻至肌膚溫度，便裝進擠花袋中，剪開前端5～6mm左右。

06 將擠花袋前端緊貼巧克力外殼底部，將甘納許填至巧克力殼一半處，注意勿使空氣進入。

07 將櫻桃切面朝上，壓進已填充至外殼一半的甘納許中。

08 將甘納許繼續填充於櫻桃上，約至九分滿。注意需填為平面、不要過多而形成小山狀。

09 輕輕在桌上敲打模型，使空氣跑出後將其冷卻凝固。參考P.58～步驟，以白巧克力進行封口。

Orange Blanc

香橙方塊

材料

方型模型…12個分
苦甜巧克力（外殼用）…400g
橘子果醬（市售商品）…20g
●白甘納許
白巧克力（可可亞成分40%）…35g
鮮奶油…19g
君度橙酒…2g
橘子皮…少許
珍珠粉（銀色）…適量

封口後待冷卻凝固、脫模後參考P.26步驟，以珍珠粉描繪線條。

填充

01 參考P.55～步驟，以苦甜巧克力製作外殼。橘子果醬要剁細，一點點的放入外殼底部。

02 參考P.36～步驟，加熱白巧克力及鮮奶油，製作甘納許。加入君度橙酒及橘子皮攪拌。

03 待冷卻至肌膚溫度後，裝進擠花袋中，平填在橘子果醬上、至外殼九分滿處後冷卻凝固。參考P.58～步驟進行封口。

Caramel Citron

焦糖香橙

材料

榛果巧克力型模型…12個分
牛奶巧克力（外殼用）…400g
●焦糖醬
砂糖…30g
水…15g
鮮奶油…30g（預熱至60度左右）
檸檬皮…少許
●牛奶甘納許
牛奶巧克力（可可亞成分44%）…45g
鮮奶油…33g
金箔噴霧…適量

Finish

封口後待冷卻凝固，脫模後使用金箔噴霧噴灑於巧克力上。

事前準備

01 將砂糖與水以中火加熱，滾煮至其成為焦糖色。轉為深棕色之後，將鮮奶油分為兩次加入。

02 由於非常滾燙，請小心攪拌。削一些檸檬皮加入後，再次攪拌，等到完全冷卻之後再裝入擠花袋中，剪開擠花袋前端。

填充

03 參考P.55～步驟，以牛奶巧克力製作外殼，再將焦糖平擠進外殼中，一個大約裝2g左右。

04 參考P.36～步驟，以牛奶巧克力及鮮奶油製作甘納許，填充於焦糖之上，再參考P.58～步驟進行封口。

NG

若以湯匙填充甘納許，很容易滲出模型外而無法做得漂亮，因此請務必裝入擠花袋中填充。

LESSON 10

Rhum Raisin, Thé Citron, Marron

雙層甘納許的大理石花紋巧克力

使用顏色相異的兩種巧克力，製作天然大理石花樣。
當中填充口味不同的兩層甘納許，也可使口味變化更多。
重點在於不要讓兩種口味混在一起，等到第一層冷卻之後再填充第二層。

Rhum Raisin

蘭姆葡萄

材料

貝殼型模型…12個分
白巧克力（花樣用）…100g
苦甜巧克力（外殼用）…400g
●咖啡歐蕾甘納許
白巧克力（可可亞成分40%）…30g
鮮奶油…17g
即溶咖啡（粉末）…1g
蘭姆葡萄乾（市售商品）…12顆
●原味甘納許
甜巧克力（可可亞成分55%）…40g
鮮奶油…30g

使用模型

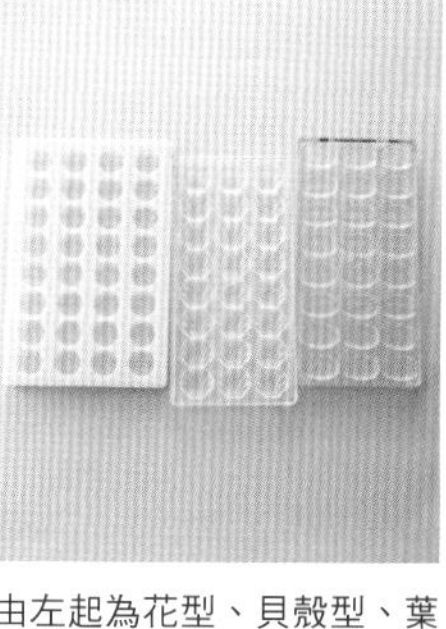
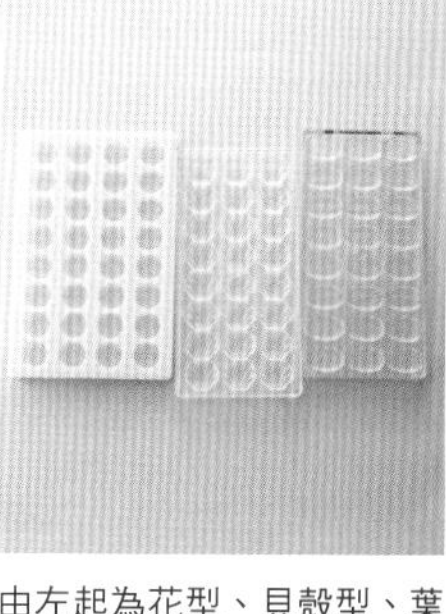

由左起為花型、貝殼型、葉片型：聚碳酸酯製。本教學各模型製作均為12個。

Finish

描繪花樣

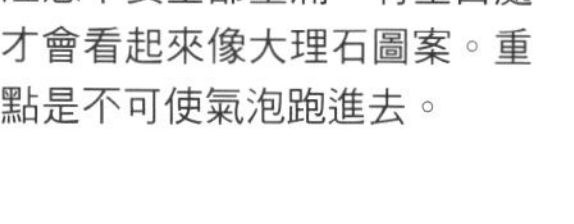
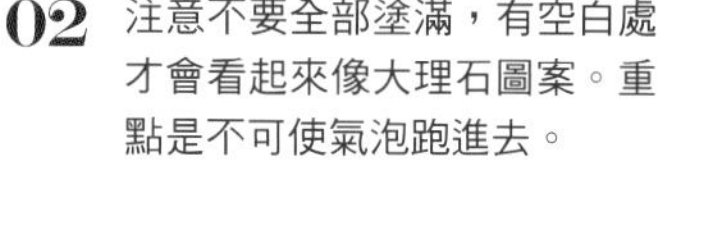

01 參考P.18～步驟，將白巧克力進行調溫。以指腹沾取少許，塗抹於模型內側約一半左右，使其成為斑紋。

02 注意不要全部塗滿，有空白處才會看起來像大理石圖案。重點是不可使氣泡跑進去。

製作巧克力外殼

03 直接在室溫下凝固，輕輕於其上塗抹苦甜巧克力，參考P.55～步驟製作巧克力外殼。

04 外殼完成的樣子。翻過來可看到其大理石花紋圖樣。每個花紋都不太一樣，令人感到非常愉快。

POINT

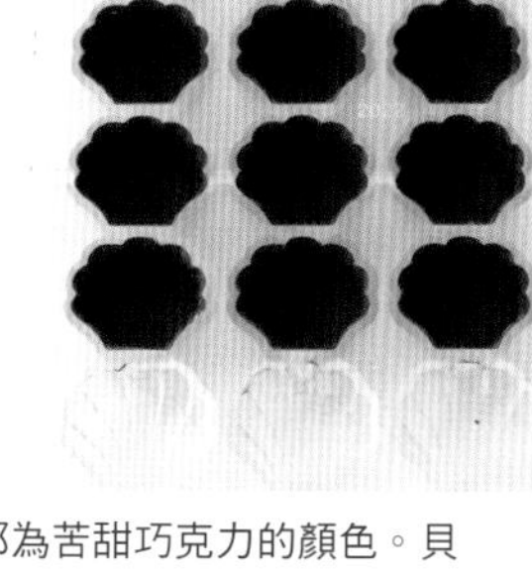
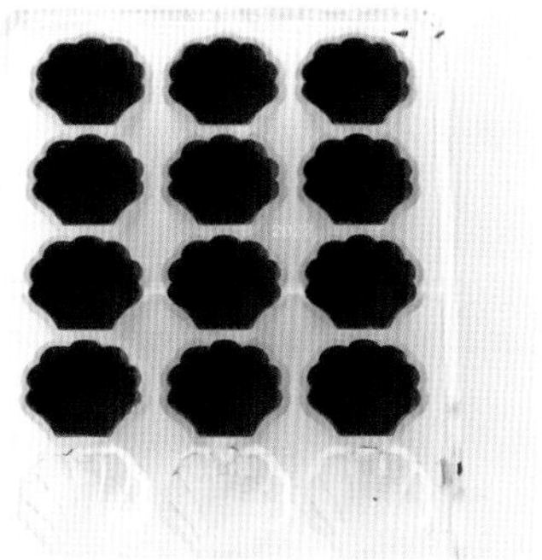
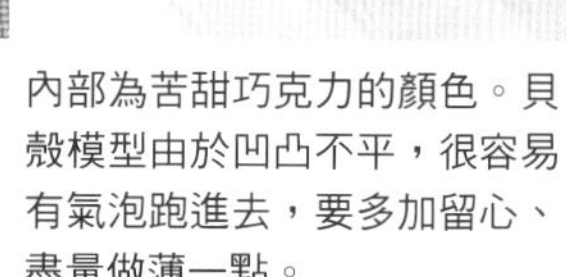

內部為苦甜巧克力的顏色。貝殼模型由於凹凸不平，很容易有氣泡跑進去，要多加留心、盡量做薄一點。

製作甘納許

05 參考P.36～步驟，將白巧克力、鮮奶油及即溶咖啡製作為甘納許。同時也做好原味甘納許。

填充

06 將咖啡歐蕾甘納許裝入擠花袋中，均分為十二分、平填進巧克力殼當中。

07 將蘭姆葡萄一顆顆壓進甘納許裡，冷藏於冰箱中約15分鐘，使甘納許表面冷卻凝固。

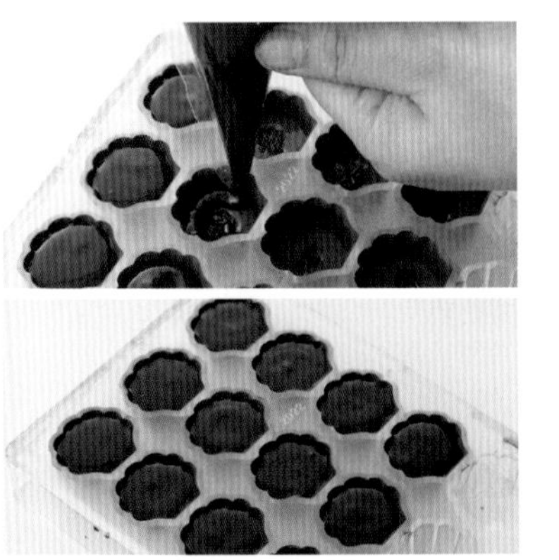

08 咖啡歐蕾甘納許凝固後，將原味甘納許填在上面至九分滿，參考P.58～步驟進行封口後脫模。

The Citron

香橙

材料

葉片型模型…12個分
白巧克力（花樣用）…100g
牛奶巧克力（花樣用）…100g
苦甜巧克力（外殼用）…400g
●香橙甘納許
白巧克力（可可亞成分40%）…20g
鮮奶油…11g
檸檬皮…少許
●茶甘納許
牛奶巧克力（可可亞成分44%）…32g
鮮奶油…24g
紅茶粉末（市售商品）…2g
珍珠粉（金色）…適量

Finish

添加花樣

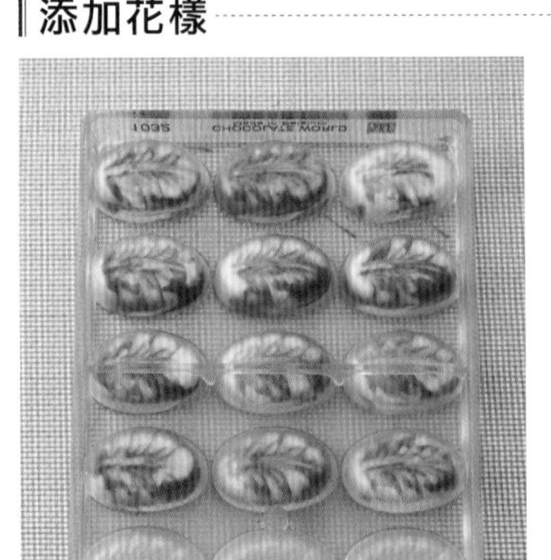

01 參考蘭姆葡萄，以白巧克力製作斑紋圖樣，凝固後再以牛奶巧克力增添為大理石花紋。

製作巧克力外殼

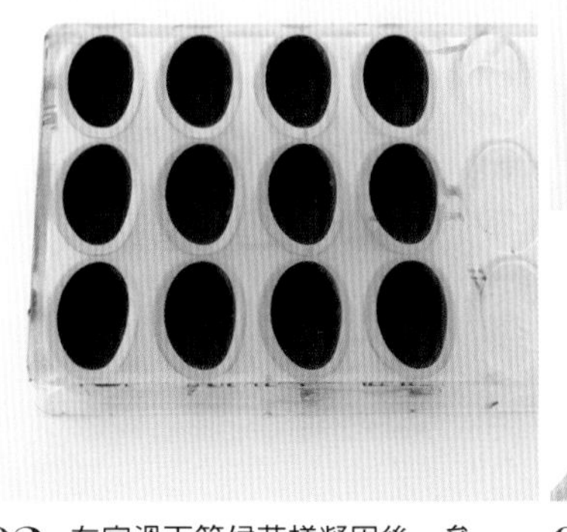

02 在室溫下等候花樣凝固後，參考P.55～步驟，以調溫後的苦甜巧克力製作巧克力外殼。

填充

03 參考P.36～步驟製作兩種甘納許。將香橙甘納許以擠花袋填進巧克力外殼當中，凝固後再填充茶甘納許。

04 甘納許凝固後，參考P.58～步驟進行封口。脫模後以筆刷沾取珍珠粉、抹在巧克力上，做為裝飾收工。

Marron

栗子

材料

花朵型模型…12個分
牛奶巧克力（花樣用）…100g
苦甜巧克力（外殼用）…400g
●栗子甘納許
白巧克力（可可亞成分40%）…17g
鮮奶油…15g
栗子醬（罐頭）…12g
●蘭姆甘納許
甜巧克力（可可亞成分55%）…40g
鮮奶油…30g
蘭姆酒…3g
珍珠粉（紅色）…適量

前置工作

01 以指腹沾取調溫後的牛奶巧克力，抹在模型內側約一半，製作大理石花紋。在室溫下凝固。

製作巧克力外殼

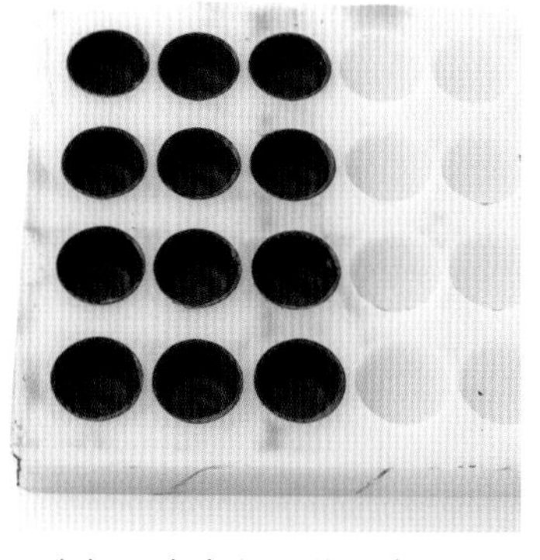

02 牛奶巧克力凝固後，參考P.55～步驟，將調溫後的苦甜巧克力灌入，製作巧克力外殼。

製作兩種甘納許

03 參考P.36～步驟，將白巧克力、鮮奶油、栗子醬加熱攪拌混合，便能製作出口感溫醇的栗子甘納許。

04 以甜巧克力及鮮奶油製作甘納許，並加入蘭姆酒。兩種甘納許都在冷卻後裝入擠花袋。

填充

05 將裝有栗子甘納許的擠花袋前端剪開約6mm，等分為12分填進巧克力殼中，待其冷卻凝固。

06 將蘭姆甘納許擠在栗子甘納許上，填至約九分滿。在桌上輕敲模型，使空氣跑出後冷卻凝固。

07 參考P.58～步驟，以苦甜巧克力進行封口。脫模後以筆刷沾取珍珠粉，抹在巧克力上。

LESSON 11

Praliné Amande,Ganache Feuillantine,Praliné Noisette

擠花裝飾巧克力

以巧克力製作外殼，脫模之後便成為巧克力杯。
放入有著爽脆口感的法式脆餅（參考P.71右下）或者添加可變化口味的果醬，
再擠上有著柔和溫醇口感的堅果奶油或甘納許，便完成了。

Praliné Amande

杏仁堅果糖

材料

花朵型模型…12個分
苦甜巧克力（外殼用）…400g
法式脆餅…10g
牛奶巧克力（法式脆餅用）…12g
●堅果奶油慕斯
杏仁堅果醬…15g
牛奶巧克力…65g
奶油（無鹽）…40g
糖粉…15g
君度橙酒…3g
巧克力米（裝飾用）…少許

使用模型

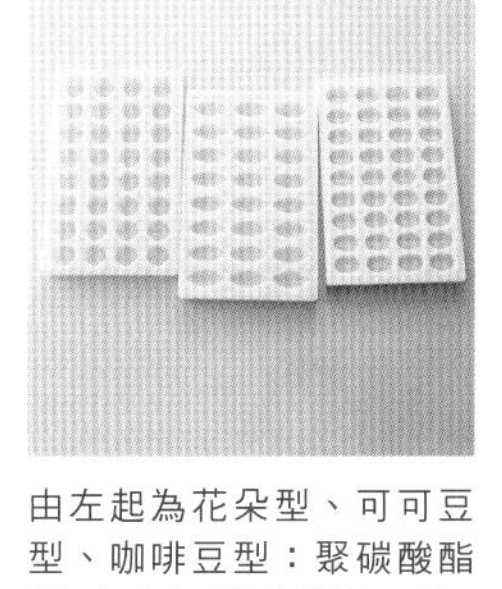

由左起為花朵型、可可豆型、咖啡豆型：聚碳酸酯製。本次各模型製作為12個。

Finish

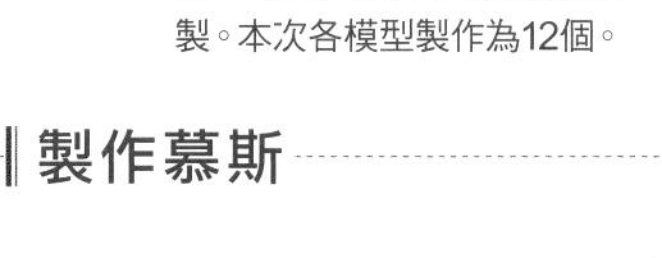

除了巧克力米以外，也可使用金箔做為裝飾。

前置工作

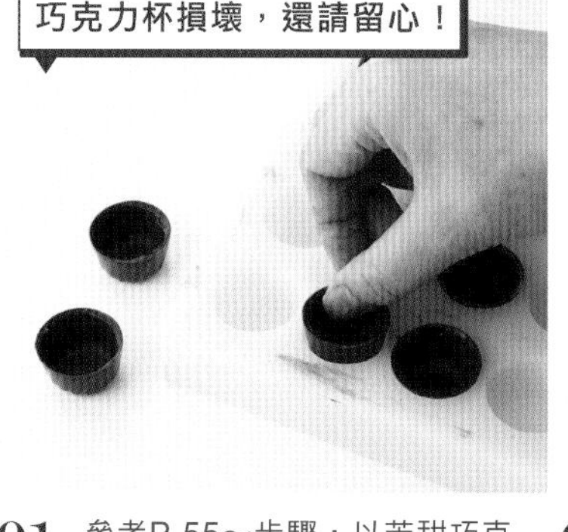

若將模型翻過來，會導致
巧克力杯損壞，還請留心！

01 參考P.55～步驟，以苦甜巧克力製作外殼。巧克力凝固之後，輕輕將其上滑，藉此脫模。

製作慕斯

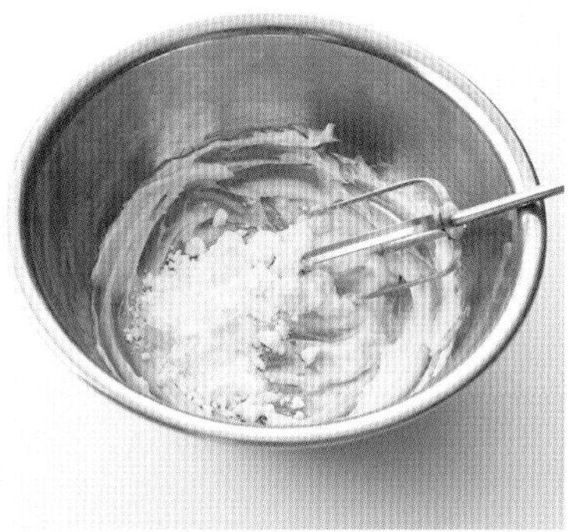

02 製作堅果奶油慕斯。將奶油攪拌為乳狀，加進糖粉後以打蛋器攪拌至發白。

03 將牛奶巧克力融化為液狀、冷卻至肌膚溫度後，加入堅果醬。溫度過高會導致奶油融化，還請留心。

04 以電動攪拌器中速確實攪拌，可使其口感變得較為輕盈。空氣開始跑進去之後，顏色會逐漸變白。

05 開始變白之後，便加入君度橙酒。再繼續確實攪拌至泡泡可直立為止。如此一來口感會非常溫潤。

PIC UP!

法式脆餅，是將非常薄的可麗餅皮烤至香脆的片狀脆餅。

填充

06 將牛奶巧克力12g融化為液狀後，加入法式脆片攪拌。如此一來可使其不受濕氣影響，保持爽脆口感。

07 將巧克力包覆的法式脆片，以茶匙慢慢放入巧克力杯中，調整為平放狀態。

擠花

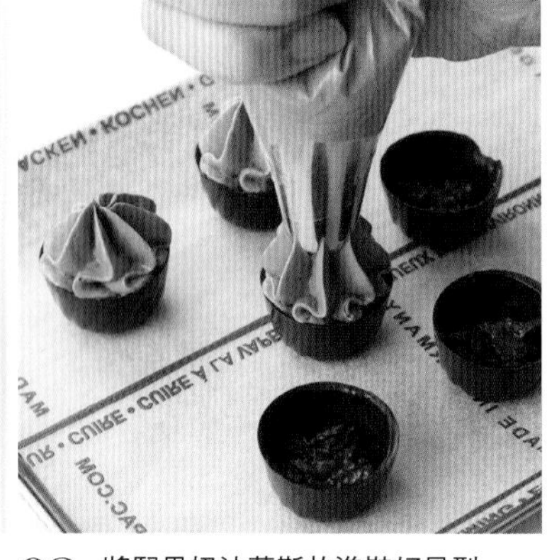

此處使用口徑較大的星型擠花嘴，藉此營造分量。尺寸使用八齒星型9號。

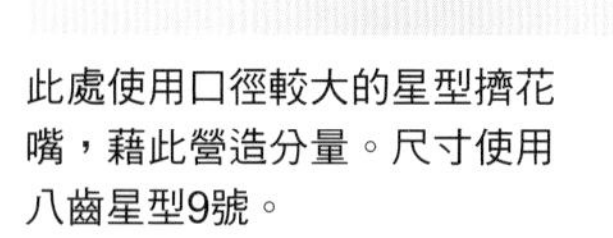

08 將堅果奶油慕斯放進裝好星型擠花嘴的擠花袋中，擠在法式脆片上，分量可飽滿些。

09 每個巧克力分別灑上3～4顆巧克力米做為裝飾。完成後放進冰箱冷藏凝固。

Ganache Feuillantine

甘納許法式脆餅

材料

咖啡豆型模型…12個分
苦甜巧克力（外殼用）…400g
法式脆餅…10g
牛奶巧克力（法式脆餅用）…12g
●蘋果白蘭地甘納許
牛奶巧克力…15g
甜巧克力（可可亞成分55%）…45g
鮮奶油…40g
蜂蜜…5g
蘋果白蘭地…3g
蛋糕裝飾片…12片

Finish

前置工作

01 加熱牛奶巧克力與甜巧克力、鮮奶油及蜂蜜，製作為甘納許後添加蘋果白蘭地混合，放進冰箱使其稍微冷卻。

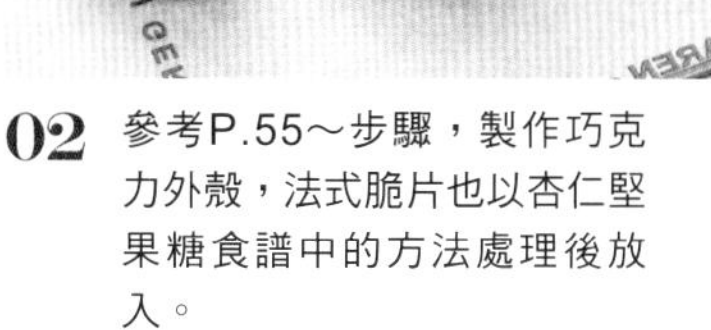
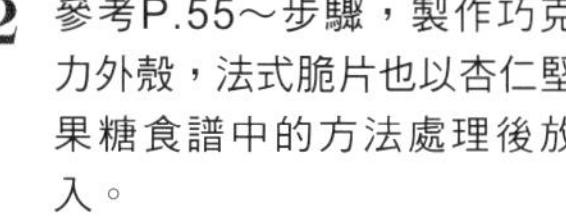

02 參考P.55～步驟，製作巧克力外殼，法式脆片也以杏仁堅果糖食譜中的方法處理後放入。

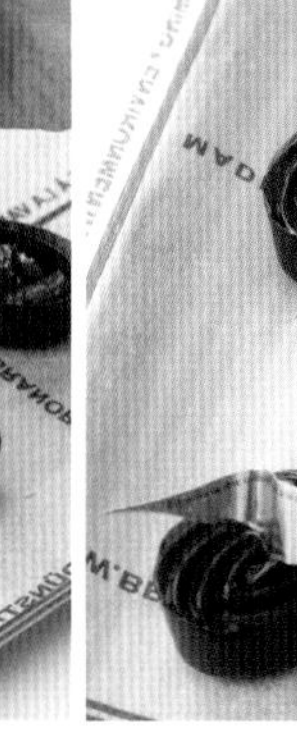

03 將蘋果白蘭地甘納許放入擠花袋中，擠花嘴使用八齒星型7號。將甘納許擠在法式脆片上、為橢圓型。

04 放上裝飾片，進冰箱冷藏凝固。為了不使巧克力沾染其他食物的味道，請放進密封容器中。

Praliné Noisette

榛果堅果糖

材料

可可豆型模型…12個分
苦甜巧克力（外殼用）…400g
橘子果醬（剁細）…15g
●榛果奶油慕斯
榛果堅果醬…15g
牛奶巧克力…65g
奶油（無鹽）…40g
糖粉…15g
君度橙酒…3g
橘子皮…適量

Finish

填充

01 參考P.55～步驟製作巧克力外殼，以茶匙將剁細的橘子果醬平放進巧克力外殼中。

02 與杏仁堅果糖的食譜步驟相同，製作榛果口味的堅果慕斯，使用八齒星型7號擠出螺旋狀。

03 將切細的橘子皮放在頗有份量的慕斯上做為裝飾，放進冰箱冷卻凝固。

LESSON 12

Fraise Framboise, Caramorange, Pistache Cerise

巧克力上色（色素）

使用添加了可可脂的巧克力用色素，便能將巧克力裝飾得閃閃發亮、五彩繽紛。
戲劇化的樣貌魅力十足。也可配合形狀改變顏色、
或者下點功夫在口味上的搭配，可創作出各式各樣不同的巧克力。

Fraise Framboise

覆盆莓

材料

心型模型…12個分
巧克力用色素（紅色）…少許
苦甜巧克力（外殼用）…400g
覆盆莓果醬…20g
●野莓甘納許
白巧克力（可可亞成分40%）…54g
草莓醬（將冷凍果醬解凍）…30g
櫻桃酒…2g
珍珠粉（金色）…少許
※巧克力用色素請參考P.90。

使用模型

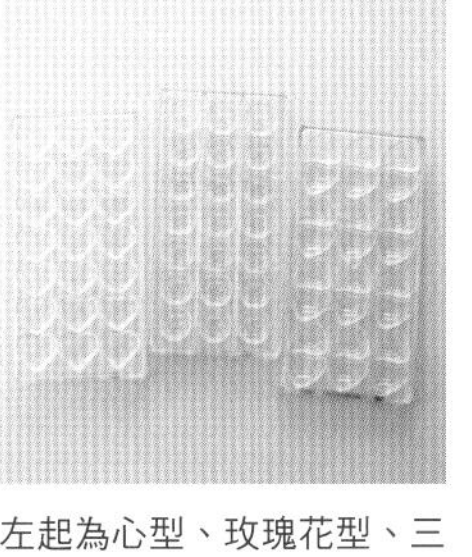

左起為心型、玫瑰花型、三角型：聚碳酸酯製。本教學各模型製作均為12個。

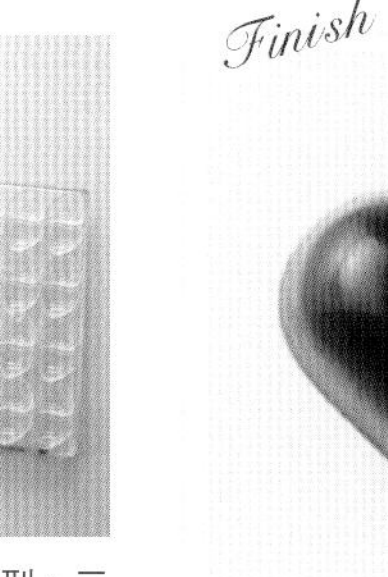

前置工作

照片為添加可可脂之色素

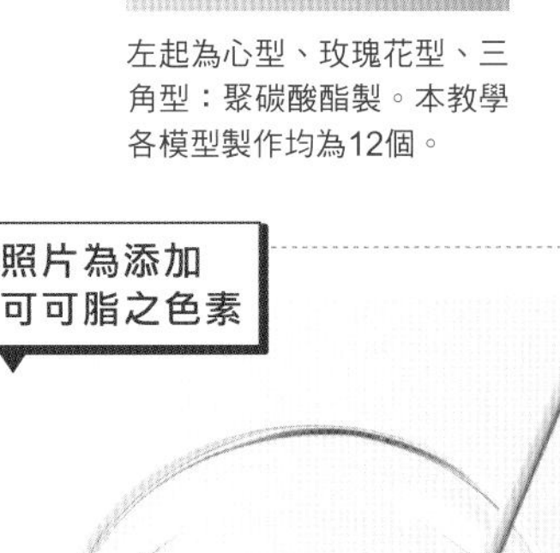

01 上為巧克力用色素（參考P.90）。下為Mycryo（粉末性可可脂）及糖果色素（參考P.90）。

02 將少許巧克力用色素（紅色）放進耐熱容器中，以微波爐加熱。冷卻至肌膚溫度後再使用。

03 以筆刷沾取少量色素，以摩擦方式塗抹在模型內側，使其成為斑紋狀，藉此上色。

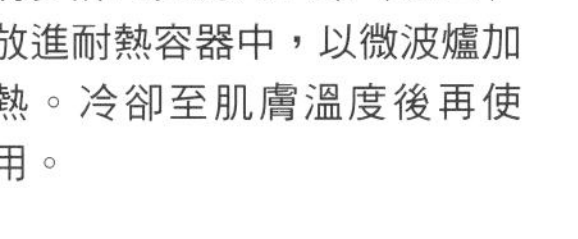

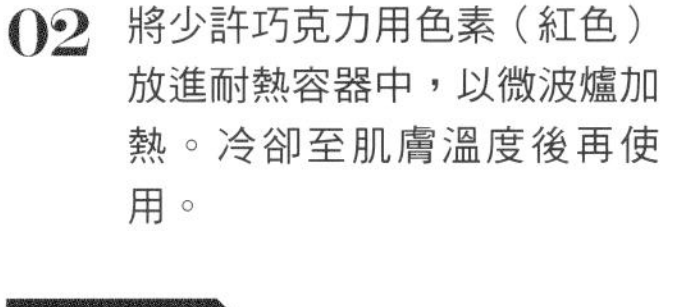

製作巧克力外殼

04 直接於室溫下凝固。若放進冰箱中，模型會因此溫度過低，要多留心。

NG

若塗抹過厚的巧克力色素，會難以脫模、且無法成為大理石花紋，還請多加注意！

05 參考P.55～步驟，以苦甜巧克力製作外殼。由於模型上有色素，要注意用手指塗巧克力時，不要過度摩擦。

製作甘納許

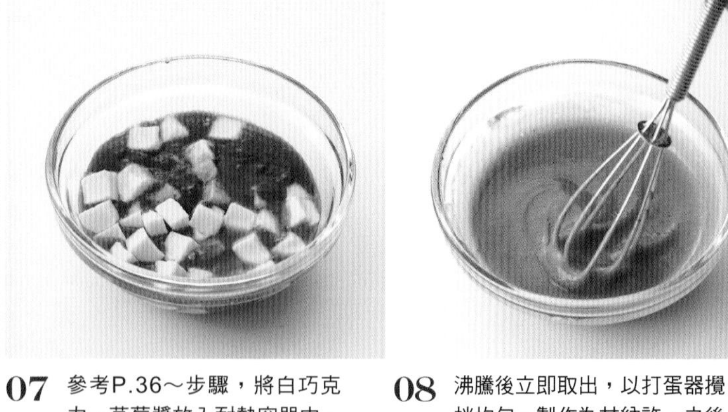

06 將蔓越莓果醬分為12分，以茶匙慢慢平放入製作好的巧克力外殼中。

07 參考P.36～步驟，將白巧克力、草莓醬放入耐熱容器中，邊觀察狀態邊加熱。

08 沸騰後立即取出，以打蛋器攪拌均勻、製作為甘納許，之後再加入櫻桃酒攪拌。

填充

09 將冷卻至肌膚溫度的野莓甘納許裝進擠花袋中，剪開前端，平擠在蔓越莓果醬上至九分滿後，待其冷卻凝固。

10 甘納許凝固後，參考P.58～步驟，以調溫後的苦甜巧克力進行封口，之後脫模。

11 脫模之後，以筆刷沾取珍珠粉，塗抹於巧克力表面的一半，以做為重點裝飾。

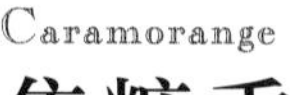

Caramorange

焦糖香橙

材料

玫瑰花型模型…12個分
巧克力用色素（紅色）…少許
牛奶巧克力（外殼用）…400g
橘子果醬（剁細）…20g
●焦糖香橙甘納許
砂糖…25g
水…12g
鮮奶油…50g（預熱至60℃左右）
蜂蜜…5g
牛奶巧克力…35g
橘子皮…少許
珍珠粉（紅色）…適量

Finish

前置工作

01 參考覆盆莓食譜步驟，將紅色色素輕輕擦在模型底部中心做為上色。不要塗抹到模型邊緣。

填充

02 參考P.55～步驟，以牛奶巧克力製作巧克力外殼。由於模型底部有色素，因此以手指沾取巧克力塗抹時，不要過於用力摩擦。

03 將剁細的橘子果醬慢慢放入巧克力外殼中。參考P.38～步驟，製作焦糖香橙甘納許，以擠花袋填入。

裝飾

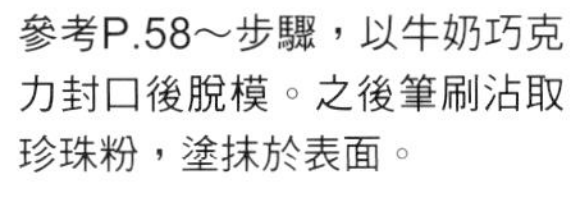

04 參考P.58～步驟，以牛奶巧克力封口後脫模。之後筆刷沾取珍珠粉，塗抹於表面。

Pistache Cerise

開心果櫻桃

材料

三角型模型…12個分
巧克力用色素（黃色、綠色）…少許
白巧克力（外殼用）…400g
櫻桃果醬…20g
●開心果甘納許
白巧克力（可可亞成分40%）…50g
鮮奶油…28g
開心果醬…7g
櫻桃酒…3g
珍珠粉（金色）…適量

Finish

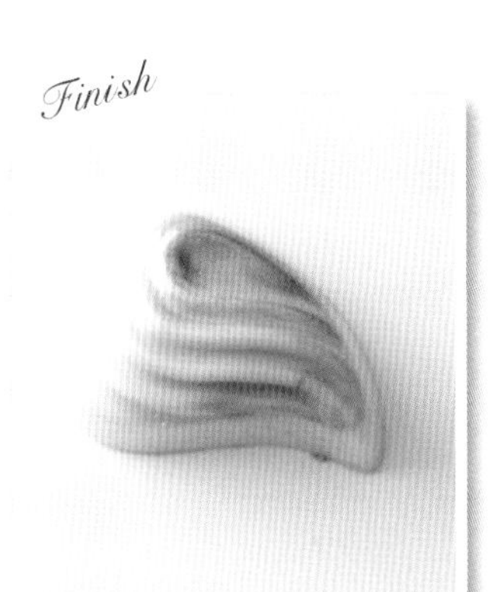

前置工作

01 參考P.75～步驟。此處使用黃色及綠色色素，部分可以重疊，使其呈現漸層色調，在室溫下凝固。

填充

02 參考P.36～步驟，加熱白巧克力、鮮奶油、開心果醬，製作甘納許。加入櫻桃酒。

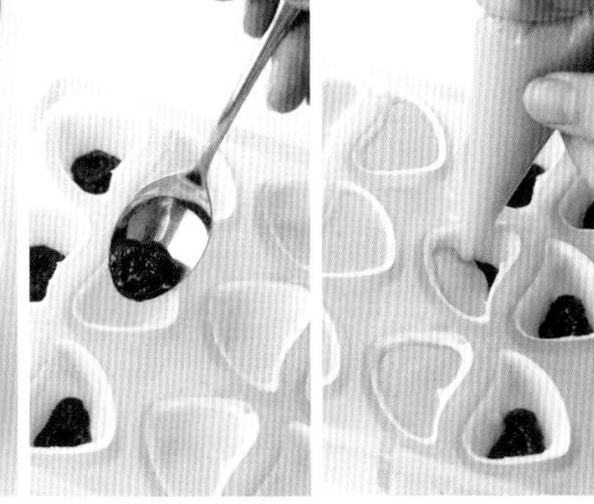

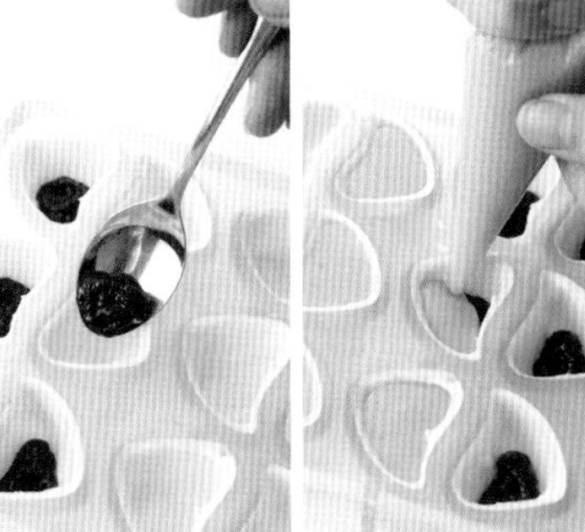

03 參考P.55～步驟，將櫻桃果醬放入白巧克力製作的巧克力外殼中，並擠上甘納許。參考P.58～步驟封口。

裝飾

04 冷卻凝固脫模後，以筆刷沾取珍珠粉，塗抹在有上色處。

LESSON 13

Verre Japonais,Litchi Framboise

巧克力上色（混合）

宛如玻璃彈珠般的透明感、與復古感的上色裝飾，如此美麗的夾心巧克力。
重疊色素及薄薄的白巧克力，打造出絕妙的色調，
當中則放著浸泡過洋酒的海綿蛋糕，營造成熟口味。

Verre Japonais

彈珠

材料

半球體型模型…12個分
巧克力用色素（黃色、紅色）
…各少許
白巧克力（花樣用）…100g
苦甜巧克力（外殼用）…400g
海綿蛋糕（市售商品）…適量
●君度橙酒糖漿
砂糖…17g
水…10g
君度橙酒…17g

●香橙甘納許
甜巧克力
（可可亞成分55%）…40g
鮮奶油…30g
橘子皮…少許
珍珠粉（金色）…適量
※色素也可選用自己喜愛的顏色。

使用模型

半球體型：直徑3cm。聚碳酸酯製。本次製作需要12個。

Finish

前置工作

01 參考P.75步驟，將巧克力用色素（黃色）加熱融化。以筆刷沾取色素，於模型內側描繪斑紋。

02 黃色凝固後，一樣以筆刷沾取紅色色素，輕輕重疊在黃色上，描繪斑紋。

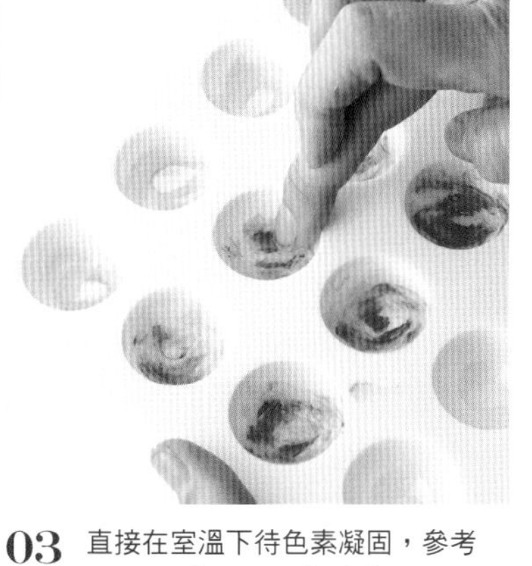

03 直接在室溫下待色素凝固，參考P.18～步驟，以指腹沾取調溫後的白巧克力，抹在模型裡、完成大理石花紋。

04 另外，一樣以指腹沾取用來做外殼、調溫過的苦甜巧克力塗滿模型，要塗到完全看不見色素。

05 之後參考P.55～步驟，倒下調溫後的苦甜巧克力，製作巧克力外殼。

06 準備海綿蛋糕。切成7mm左右方塊。可以不用大片蛋糕，而只使用切下來的蛋糕邊緣。

填充

07 製作糖漿。將砂糖、水以微波爐加熱，使其沸騰。冷卻後加上君度橙酒攪拌混合。

08 將切為小塊的海綿蛋糕放進巧克力外殼底部，以湯匙慢慢將糖漿滴在蛋糕上，使其滲透進蛋糕中。

09 若糖漿過少，會使口感乾澀，因此必須確實灌至海綿蛋糕飽和狀態。

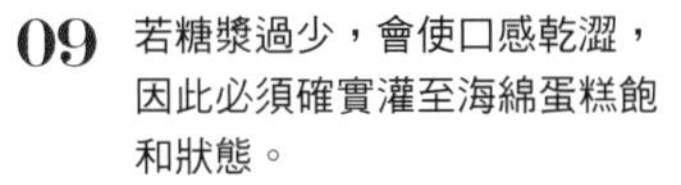

10 參考P.36～步驟，製作香橙甘納許。裝進擠花袋中，填充至九分滿。參考P.58～步驟封口後脫模，再畫上珍珠粉。

若能做到薄薄的巧克力外殼、然後是浸泡在糖漿中的海綿蛋糕，下面則有甘納許，這樣的平衡狀態，就成功了。

【應用篇】以不同形狀打造各式各樣巧克力

將彈珠食譜步驟改以可可豆模型製作。
巧克力裡則搭配荔枝利口酒及覆盆莓來表現成熟口味。

Litchi Framboise

荔枝覆盆莓

材料

可可豆型模型…12個分
巧克力用色素（任意）…各少許
白巧克力（花樣用）…100g
苦甜巧克力（外殼用）…400g
海綿蛋糕（市售商品）…適量
●荔枝糖漿
砂糖…17g
水…10g
DITA荔枝香甜酒…17g
●覆盆莓甘納許
白巧克力（可可亞成分40%）…35g
覆盆莓醬（冷凍）…20g
珍珠粉（金色）…適量

前置工作

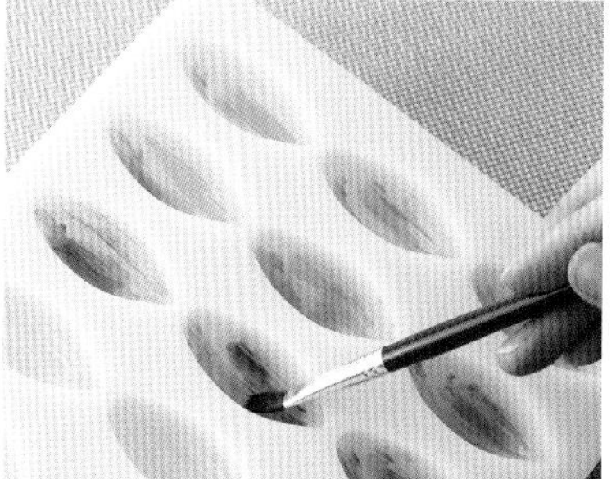

01 參考P.75步驟，融化1～2色巧克力用色素，直線描繪斑紋。此處使用藍色疊上紫色。

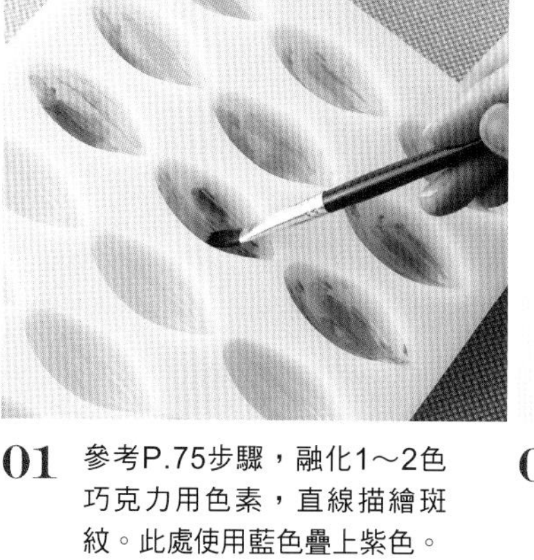

02 若直線描繪，便能做出橫向漸層色。之後和先前食譜相同，以指腹沾取白巧克力，塗抹為大理石花樣。

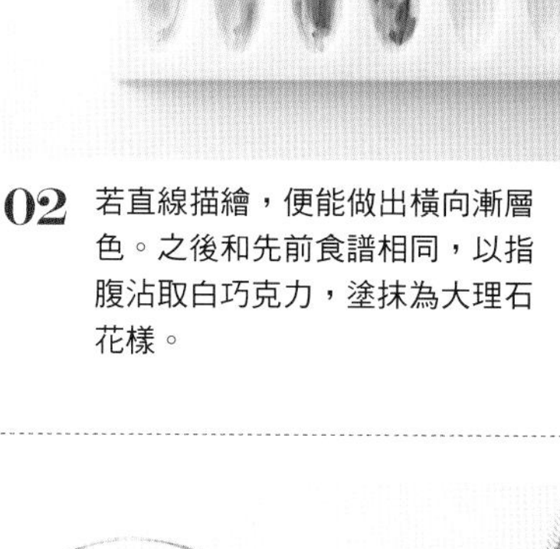

03 參考P.55～步驟，以調溫後的苦甜巧克力製作一層薄薄的巧克力外殼，放入海綿蛋糕。

填充

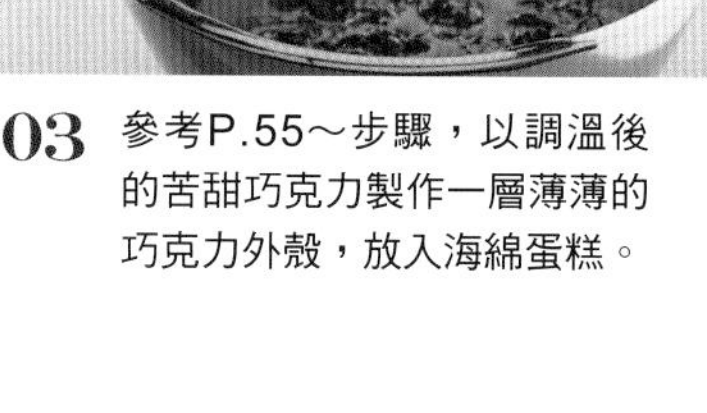

04 混合砂糖及水加熱，冷卻後加上DITA荔枝香甜酒混合，將此糖漿淋在海綿蛋糕上。

05 參考P.36～步驟，加熱白巧克力及覆盆莓醬，製作甘納許。填充在海綿蛋糕上至九分滿。

06 參考P.58～步驟封口，脫模後畫上珍珠粉。

LESSON 14

The Vert Rôti, Yuzu, Thé Vert

和風巧克力

和風材料在海外也非常受歡迎，這是由於非常有名的巧克力職人等開始使用，而使和風材料受到矚目。除了內餡以外，將外型也做成日本風格，就更正式了。

Thé Vert Rôti

焙茶歐蕾

材料

半球體型模型…12個分
珍珠粉（金色）…適量
無水酒精…20g
苦甜巧克力（外殼用）…400g
●原味白甘納許
白巧克力（可可亞成分40%）…18g
鮮奶油…10g

●焙茶甘納許
牛奶巧克力
（可可亞成分44%）…30g
鮮奶油…22g
焙茶粉末…2g
水…8g

使用模型

由左起為半球體型、扇型、六角型：聚碳酸酯製。本教學各模型製作均為12個。

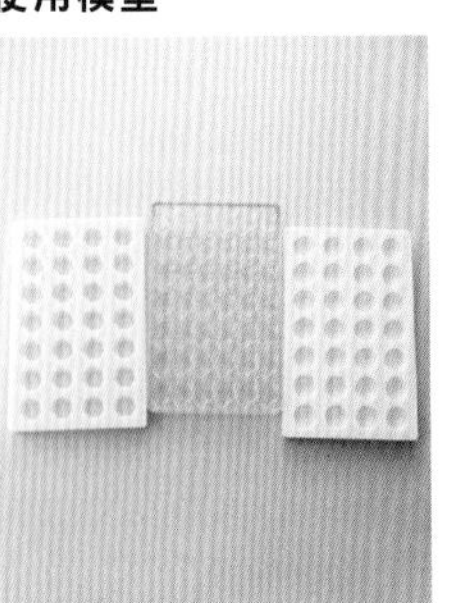

Finish

前置工作

重點是噴薄一些

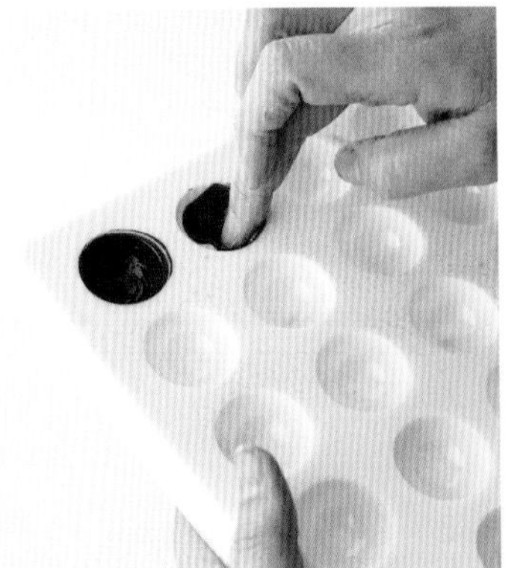

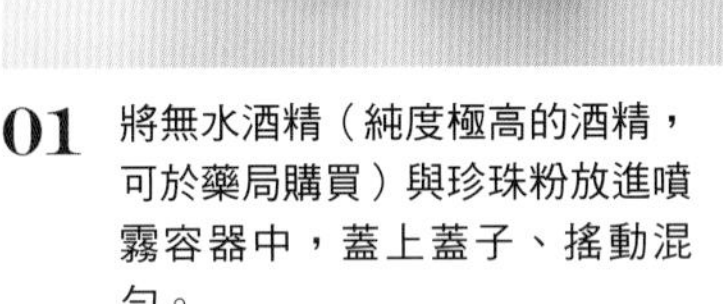

01 將無水酒精（純度極高的酒精，可於藥局購買）與珍珠粉放進噴霧容器中，蓋上蓋子、搖動混勻。

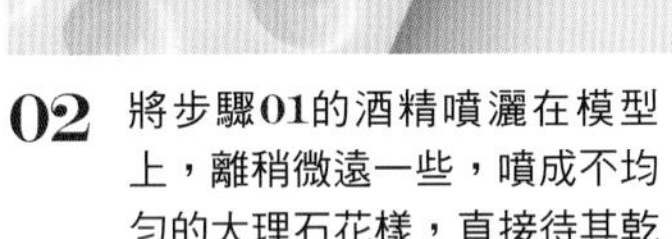

02 將步驟01的酒精噴灑在模型上，離稍微遠一些，噴成不均勻的大理石花樣，直接待其乾燥。

03 以指腹沾取調溫後的苦甜巧克力，擦在模型上。注意不要把珍珠粉擦起來。

滴落多餘巧克力，完成薄薄一層

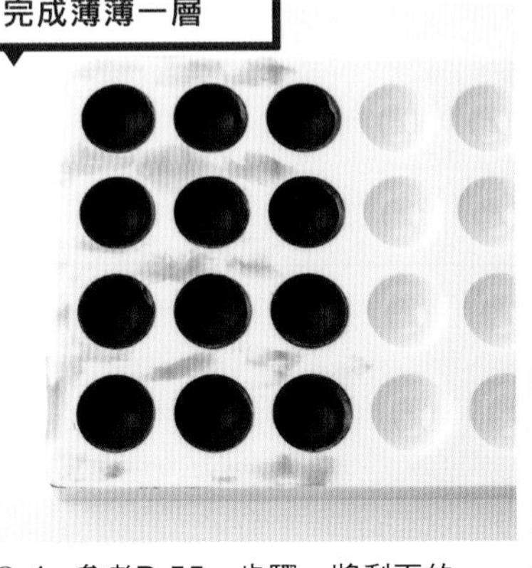

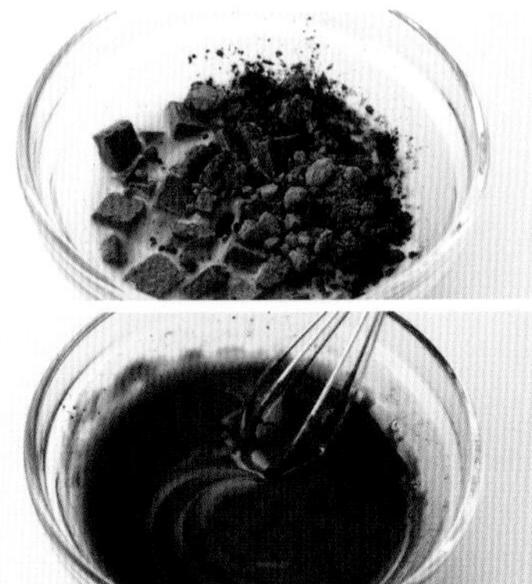

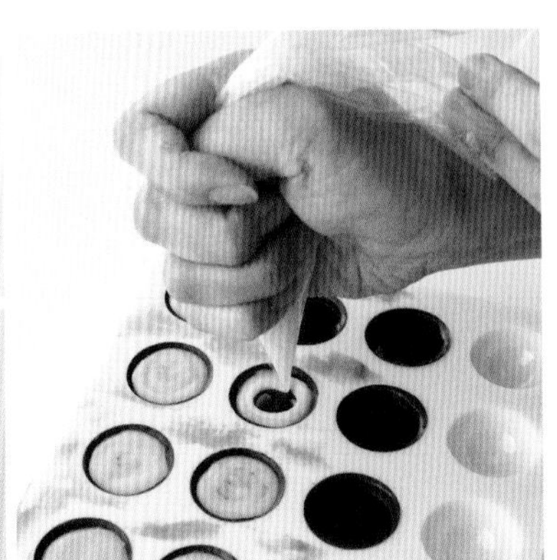

04 參考P.55～步驟，將剩下的苦甜巧克力倒入，製作巧克力外殼。

05 參考P.36～步驟，以牛奶巧克力、鮮奶油及焙茶粉末製作焙茶甘納許。填充進外殼中約五分滿後，使其冷卻凝固。

06 參考P.36～步驟，以白巧克力及鮮奶油製作原味白甘納許，以擠花袋擠在焙茶甘納許上，參考P.58～步驟封口脫模。

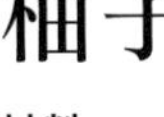

Yuzu

柚子

材料

扇形模型…12個分
苦甜巧克力（外殼用）…400g
柚子果醬…25g
●柚子甘納許
白巧克力（可可亞成分40%）…35g
鮮奶油…19g
君度橙酒…2g
柚子皮…少許
珍珠粉（銀色）…適量

Finish

前置工作

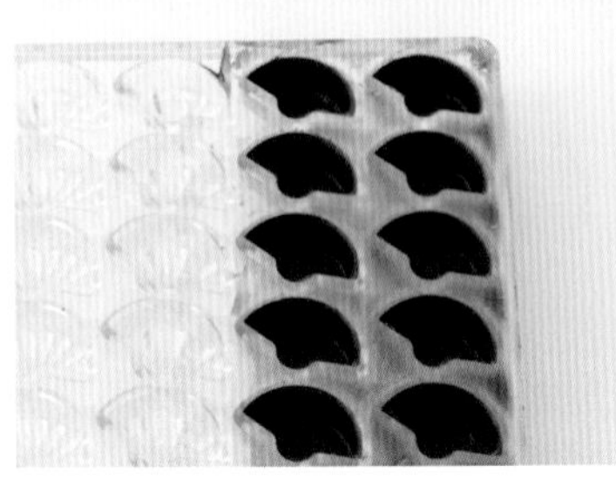

01 參考P.55～步驟，以苦甜巧克力製作外殼。

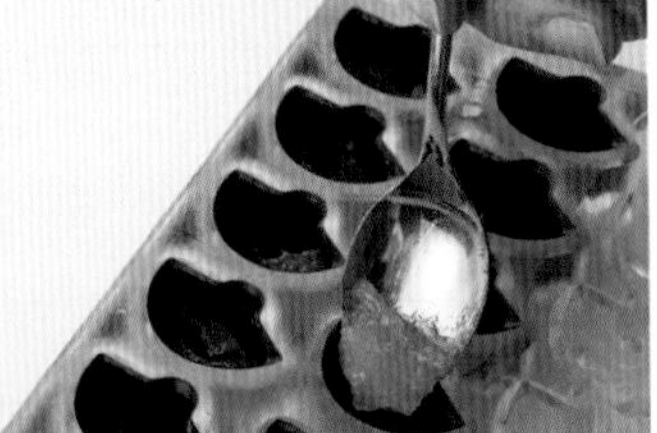

02 將柚子果醬剁細，分為12等分後以茶匙放進巧克力外殼中，輕壓使其密實。

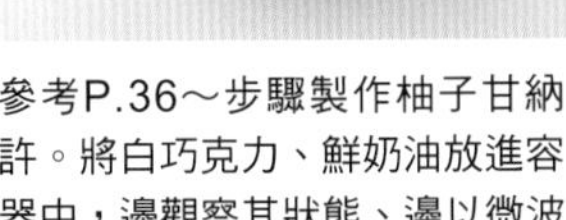

03 參考P.36～步驟製作柚子甘納許。將白巧克力、鮮奶油放進容器中，邊觀察其狀態、邊以微波爐加熱。

04 以打蛋器徹底攪拌，待其成為甘納許後，添加君度橙酒及柚子皮，再次攪拌均勻。

填充

05 將柚子甘納許裝入擠花袋中，擠進巧克力外殼裡。參考P.58～步驟進行封口，冷卻凝固後脫模。

裝飾完工

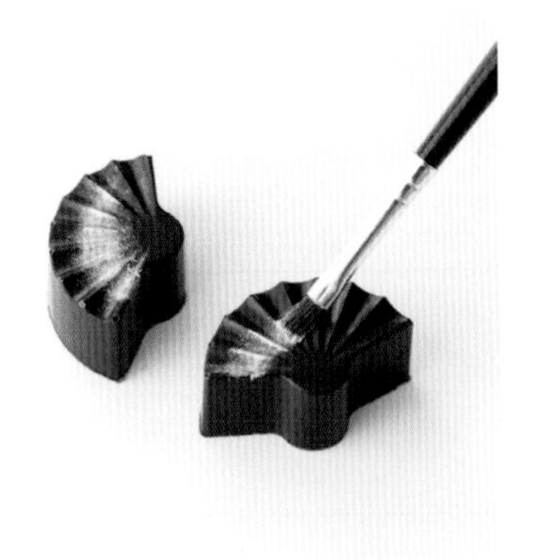

06 以筆刷沾取珍珠粉，在扇形表面迅速畫過一條曲線。若能看起來像扇子的花紋，就會十分美麗。

Thé Vert

抹茶

材料

六角形模型…12個分
苦甜巧克力（外殼用）…400g
●抹茶甘納許
白巧克力（可可亞成分40%）…25g
鮮奶油…14g
抹茶…1g
水…3g
●原味甘納許
甜巧克力（可可亞成分55%）…32g
鮮奶油…24g
銀箔…適量

Finish

前置工作

由於底部凹凸不平，
因此要用指腹仔細抹好

01 參考P.55～步驟，以苦甜巧克力製作外殼。

02 參考P.36～步驟製作抹茶甘納許。加熱白巧克力與鮮奶油，成為甘納許之後，再加入以水溶解之抹茶，攪拌均勻。

填充

03 抹茶甘納許冷卻後裝進擠花袋中，填進巧克力外殼約半分滿。另外製作原味甘納許。

裝飾完工

04 抹茶甘納許凝固後，將原味甘納許平填於其上約至九分滿。

05 兩層甘納許都填好後，將模型置於桌上輕敲，使空氣浮出。參考P.58～步驟進行封口。

06 冷卻凝固後脫模。由於其外型容易崩陷，因此要小心脫模。以鑷子將銀箔放在表面六角形的中央。

LESSON 15

Bonbons Spéciaux

立體型巧克力

加入香檳甘納許的特殊夾心巧克力。
將相同形狀的巧克力結合，便能成為寶石顆粒的形狀。
要不要裝進珠寶盒裡，當作禮物送給特別的人呢？

Bijou

珠寶

材料

珠寶型模型…12個分
白巧克力（花樣用）…100g
牛奶巧克力（外殼用）…400g
●香檳甘納許
白巧克力（可可亞成分40%）…48g
Mycryo（粉末性可可脂）…3g
香檳…15g
珍珠粉（金色、紫色、紅色）…各取適量

使用模型

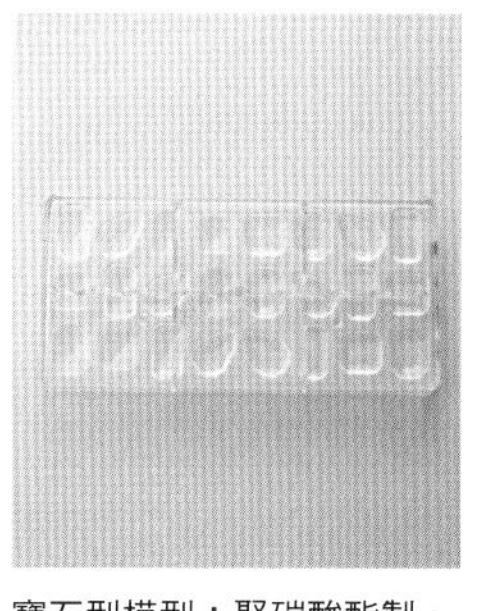
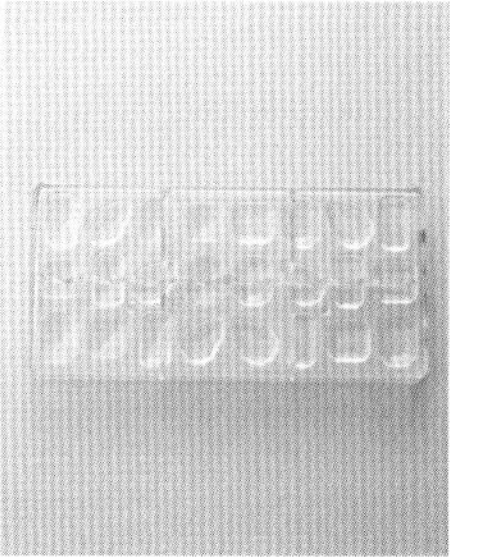

寶石型模型：聚碳酸酯製。

Finish

前置工作

01 參考P.67～步驟，以白巧克力描繪花樣，再參考P.55～步驟，以牛奶巧克力製作巧克力外殼。

02 參考P.36～步驟，製作蜂蜜薑汁甘納許。將白巧克力、粉末性可可脂、香檳加熱，製作為甘納許。

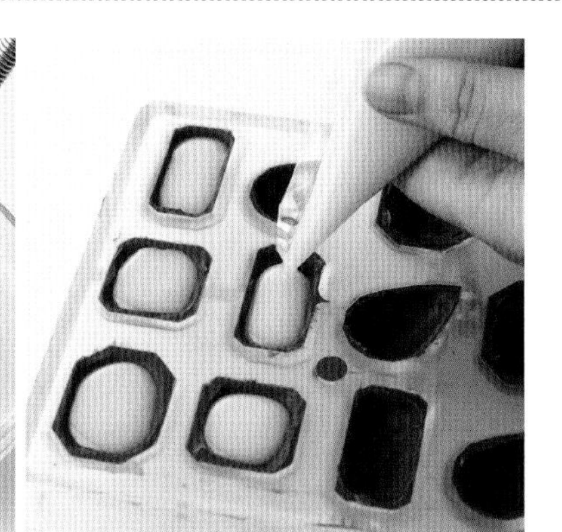

03 待蜂蜜薑汁甘納許冷卻到肌膚溫度後，裝入擠花袋中，擠進巧克力外殼內至九分滿。

裝飾完工

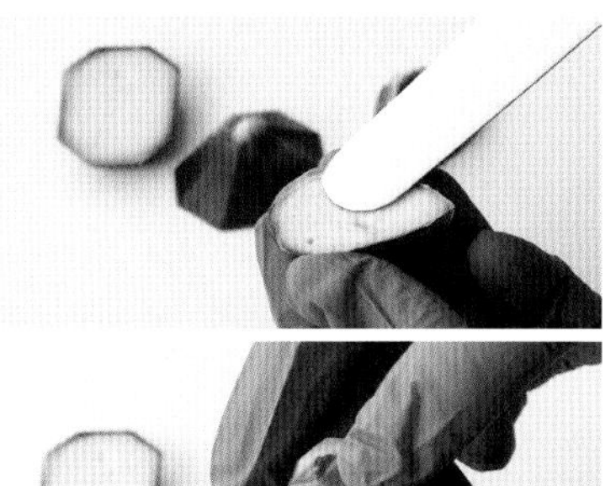

04 甘納許冷卻凝固後，參考P.58～步驟，以白巧克進行薄薄一層封口後脫模。

05 貼合相同形狀的巧克力。以瓦斯爐火源加熱抹刀，放在其中一邊的底部，使其融化，便能貼上另一顆巧克力。

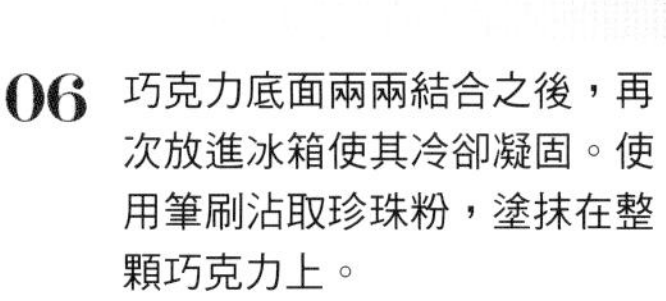
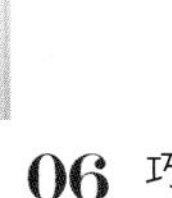

06 巧克力底面兩兩結合之後，再次放進冰箱使其冷卻凝固。使用筆刷沾取珍珠粉，塗抹在整顆巧克力上。

巧克力製作基本材料

01 冷凍水果醬（草莓醬）
可與巧克力一同乳化，用來製作口感溫醇的甘納許。有各種水果口味。

02 鮮奶油
本書當中使用動物性脂肪35～36%的鮮奶油。和冷凍水果醬一樣，可與巧克力一同乳化，製作口感溫醇的甘納許。

03 甜巧克力
本書當中使用可可亞成分55%的甜巧克力。是不添加牛奶，只使用可可脂、可可粉、砂糖和香料製作的單純巧克力。

04 苦甜巧克力
本書當中使用可可亞成分65%的苦甜巧克力。是更能品嚐可可亞風味的巧克力。建議使用不會太苦的65～70%。

05 配料（堅果）
杏仁、開心果、腰果等。巧克力與堅果香氣十分相稱。也可烘烤過後使用。

06 香料（咖啡）
紅茶、焙茶、抹茶、咖啡等粉末，用來做為幫甘納許添加風味，非常方便。也可用水溶解後使用。

此處介紹本書中用來製作巧克力的基本材料。
大部分材料都可以在甜點材料店、或者網路上購買。

07 果醬（橘子果醬）

蔓越莓、櫻桃、柚子等果醬，都可以用來做為夾心巧克力的餡料，與甘納許搭配使用。

08 香料巧克力（抹茶）

白巧克力添加香料而成的巧克力。可活用其顏色與口味。另外也有草莓或咖啡口味。

09 牛奶巧克力

本書當中使用可可亞成分44%的牛奶巧克力。是將甜巧克力加上奶粉等乳製品，使巧克力較乳化感、口感柔和的巧克力。

10 白巧克力

本書當中使用可可亞成分40%的白巧克力。由於並未添加可可粉，因此維持白色。也較無可可亞風味，和煉乳一樣的乳化感。

11 配料（果乾）

無花果、柚子皮、草莓等果乾。建議使用水氣較少、風味及顏色較佳者來搭配巧克力。

12 配料（果乾）

杏子、鳳梨。果乾可使可可亞風味更加突出，其酸味及口感可提升巧克力的鮮甜感。

巧克力用油性色素

主要使用於塗抹在模型裡，使顏色轉印到巧克力上的色素。

01 糖果色素

製作成果醬狀態、用於巧克力的色素。可以直接混在白巧克力當中使用（參考P.27～步驟），但若要塗抹在模型中轉印，就要將少量Mycryo（粉末性可可脂）以微波爐融化後，再加入糖果色素溶解使用。

用量根據顏色深淺來決定，如果添加後看不出顏色的話，就慢慢增加添加量。

通常填充在小型容器中販賣，4個日幣1200圓起。

02 Mycryo

粉末性可可脂。只需取出使用量，剩下的維持粉末狀態，保存較易。

03 添加可可脂的巧克力色素

將油性色素添加在可可脂中的產品，是專家用的巧克力用色素。在常溫下為固體，因此要切下需要的用量後，以微波爐加熱融化使用。顏色與光澤都非常美麗，但一罐非常大，在專業店家網頁上購買，也要5000日幣以上，較為昂貴。

閃閃發光裝飾材料

不同產品或灑或噴，使用方式不盡相同。

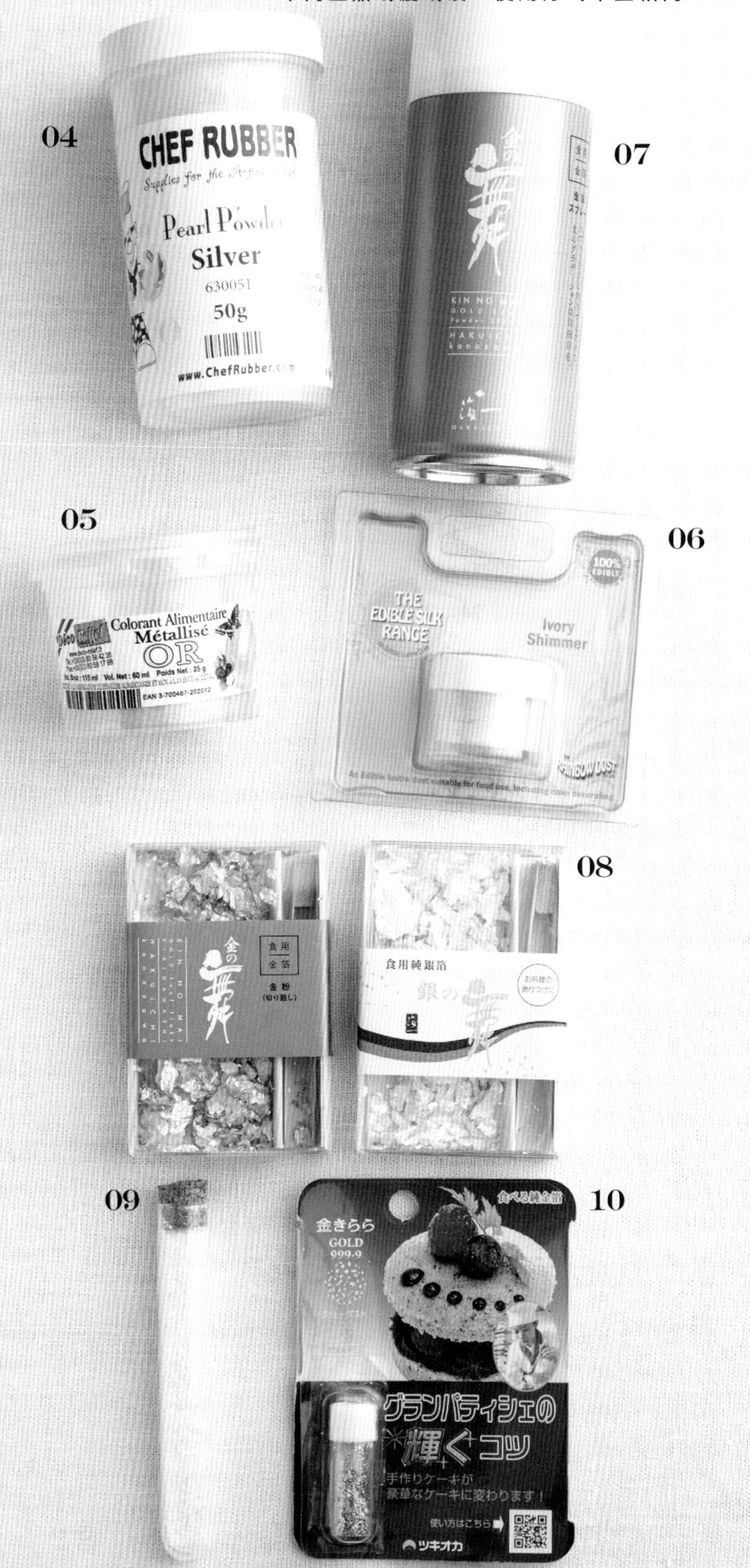

04,05,06
珍珠粉

顆粒細小的粉末狀閃亮亮材料。可使用較細的筆刷沾取後，直接塗抹在夾心巧克力上，也可與無水酒精混合後噴灑。
04為美國製、05為法國製、06則是英國製。使用方法都一樣。有金色、銀色、紅色、紫色等。

07 金箔噴霧

只需按壓便能噴出金箔的噴霧罐。重點是輕輕噴在巧克力上。留心不要噴太多。也有銀箔款。

08 金箔、銀箔

日本料理當中也會使用的箔片。可以調整想放置的尺寸，非常方便。可使用竹籤或鑷子輕輕貼到巧克力上。

09 銀箔細砂糖

添加了銀箔的細砂糖。可以直接灑用的方便產品。要在巧克力凝固前灑。

10 細金箔

用來灑的金箔，有各種形狀。用手碰的話會沾附在手上，因此要以容器直接灑出。

製作巧克力建議工具

此處介紹本書中介紹的食譜所需要用到的工具、以及先準備好會比較方便的東西。
尤其是本書中用來進行調溫的吹風機，更是不可或缺的物品。

01 烤箱紙、烘焙紙

容易與巧克力分開，因此使用來放置包覆好的巧克力，待其凝固。

02 矽膠墊

脫模的時候可在矽膠墊上進行。使用後以溫水及清潔劑清洗，乾燥後再收起來。

03 聚乙烯製 巧克力模型

透明且薄的塑膠輕盈材料。用來灌入巧克力後待其凝固。

04 矽膠製 巧克力模型

巧克力用的矽膠模型。此種模型只能用來灌入巧克力後待其凝固。凝固後由後方推擠即可脫模。

05,06 聚碳酸酯製 巧克力模型

巧克力當中要填甘納許等材料時，使用此種巧克力模型。較為堅固穩定，可以振動它、或者用刮刀刮取巧克力。
透明或者白色的模型，在使用上沒有差異。

01
02
03
04
06
05

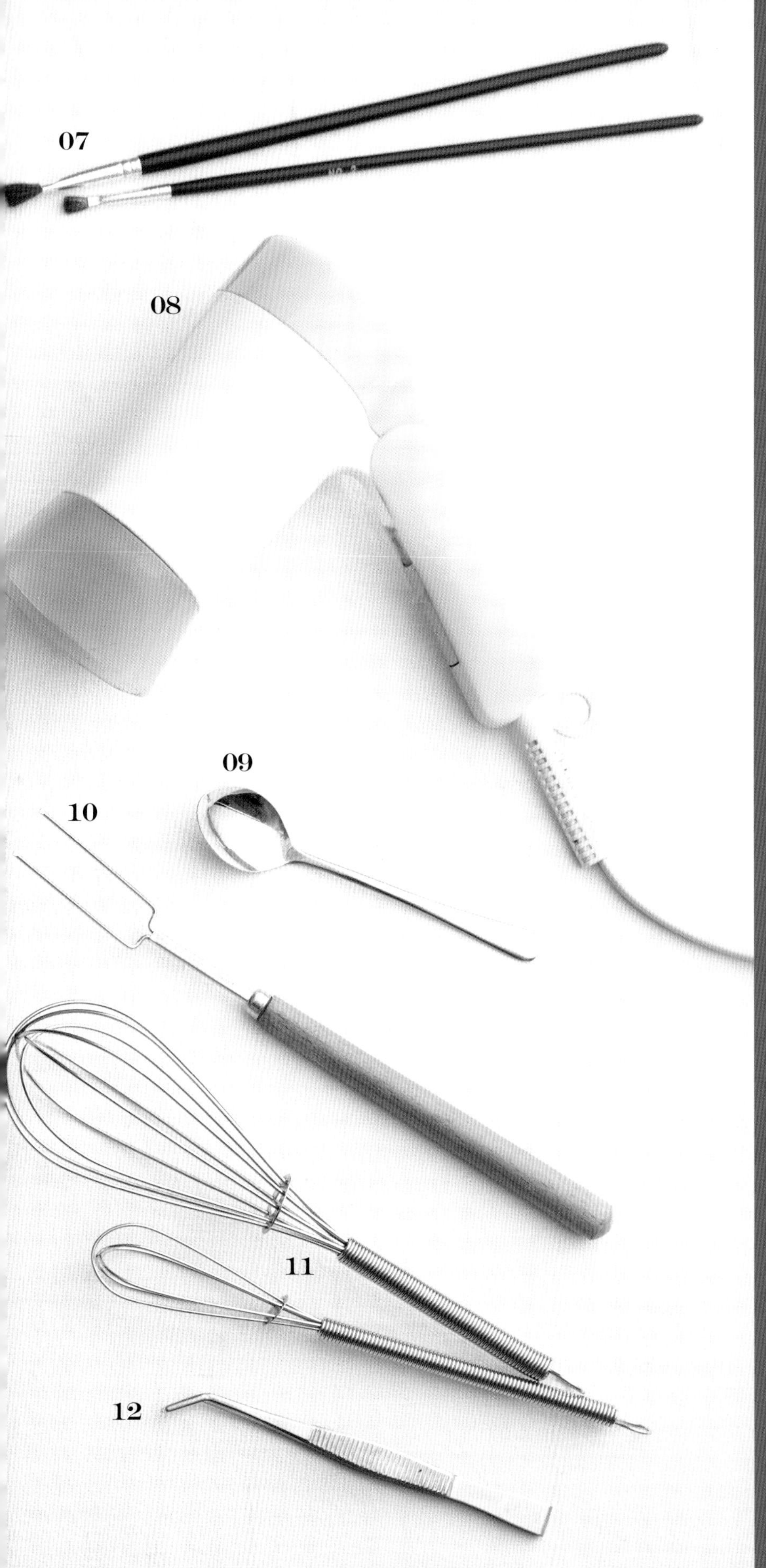

07 小筆刷

用來塗抹色素、或迅速畫上珍珠粉。可使用一般畫筆中較細者。

08 吹風機

調溫或重新加熱巧克力時，用來進行細部調整。用來加熱已經冷卻的模型也非常方便。

09 茶匙

用來將果醬等慢慢填進巧克力，或者添加色素。不用來處理甘納許或巧克力。

10 巧克力叉

在為巧克力進行包覆時，用來撈起巧克力。稍微彎折後的角度較易使用（參考P.45）。

11 打蛋器（小、中）

用來混合甘納許，使其乳化。製作量較少時，可配合用量使用較小的打蛋器，會比較輕鬆。

12 鑷子

要放置金箔或者進行細微作業時非常方便。

製作巧克力建議工具

13 大碗
進行調溫、以微波爐加熱時，使用塑膠製大碗。本書當中的巧克力用量，建議使用直徑約20～22cm左右的大碗。

14 玻璃耐熱容器
製作甘納許時使用耐熱容器。需要一邊觀察狀態來以微波爐加熱、再以打蛋器攪拌均勻，因此推薦使用玻璃產品。

15 量杯
要將甘納許或巧克力裝入擠花袋時，可做為立架，非常方便。也可使用普通杯子。

16 擠花袋
用來填充甘納許或巧克力。建議使用塑膠製、用完即丟的款式。需要的時候可搭配擠花嘴使用。

17 星型擠花嘴
用來將甘納許擠出漂亮形狀。有各式各樣的形狀及尺寸，可選用自己喜愛的款式。

18 剪刀
用來剪開擠花袋前端。

19 溫度計
本書介紹的調溫方式，不使用溫度計、而是以目測狀態來確認調溫階段。但若非常擔心，想知道大概溫度的人，也可以一併確認溫度計（但若調溫的量少時，很可能會有誤差）。溫度計建議使用較正確的數位式或者非接觸式。

20 三角刮刀
製作需要脫模的巧克力（P.52～步驟）時，用來刮落沾附在巧克力模型上的巧克力。可選用手持感較輕鬆者。

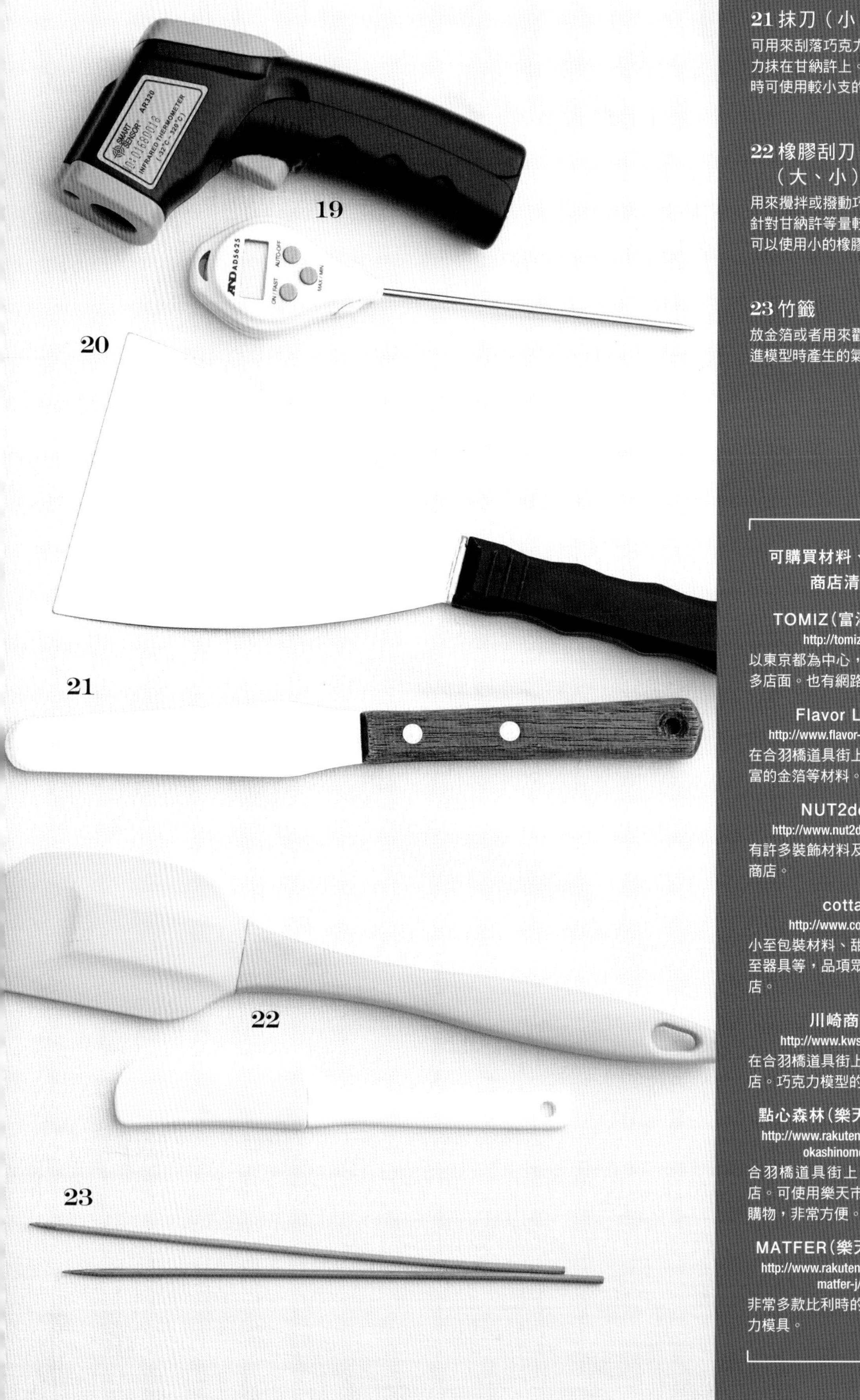

21 抹刀（小）

可用來刮落巧克力、或將巧克力抹在甘納許上。製作巧克力時可使用較小支的抹刀。

22 橡膠刮刀（大、小）

用來攪拌或撥動巧克力倒出。針對甘納許等量較小的材料，可以使用小的橡膠刮刀。

23 竹籤

放金箔或者用來戳破巧克力倒進模型時產生的氣泡。

可購買材料、器具的商店清單

TOMIZ（富澤商店）
http://tomiz.com/
以東京都為中心，在全國有許多店面。也有網路商店。

Flavor Land
http://www.flavor-land.com/
在合羽橋道具街上，有種類豐富的金箔等材料。

NUT2deco
http://www.nut2deco.com/
有許多裝飾材料及器具的網路商店。

cotta
http://www.cotta.jp/
小至包裝材料、甜點材料，大至器具等，品項眾多的網路商店。

川崎商店
http://www.kwsk.co.jp/
在合羽橋道具街上的甜點器具店。巧克力模型的種類豐富。

點心森林（樂天市場店）
http://www.rakuten.ne.jp/gold/okashinomori/
合羽橋道具街上的甜點器具店。可使用樂天市場進行網路購物，非常方便。

MATFER（樂天市場店）
http://www.rakuten.ne.jp/gold/matfer-j/
非常多款比利時的專家用巧克力模具。

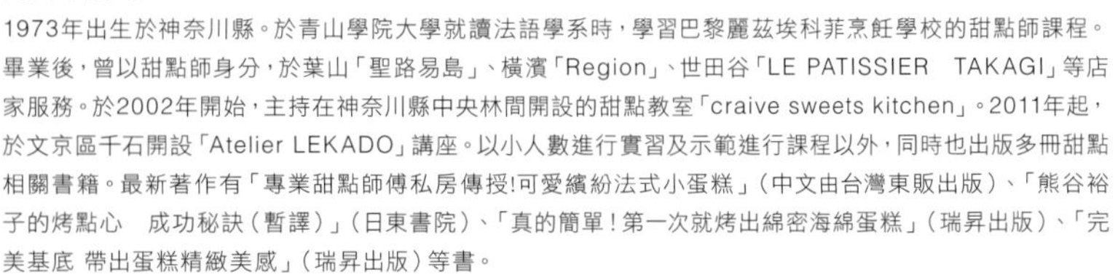

PROFILE

熊谷裕子

1973年出生於神奈川縣。於青山學院大學就讀法語學系時，學習巴黎麗茲埃科菲烹飪學校的甜點師課程。畢業後，曾以甜點師身分，於葉山「聖路易島」、橫濱「Region」、世田谷「LE PATISSIER　TAKAGI」等店家服務。於2002年開始，主持在神奈川縣中央林間開設的甜點教室「craive sweets kitchen」。2011年起，於文京區千石開設「Atelier LEKADO」講座。以小人數進行實習及示範進行課程以外，同時也出版多冊甜點相關書籍。最新著作有「專業甜點師傅私房傳授!可愛繽紛法式小蛋糕」（中文由台灣東販出版）、「熊谷裕子的烤點心　成功秘訣（暫譯）」（日東書院）、「真的簡單！第一次就烤出綿密海綿蛋糕」（瑞昇出版）、「完美基底 帶出蛋糕精緻美感」（瑞昇出版）等書。

Atelier LEKADO　http://www.lekado.jp/school/school.html
craive sweets kitchen　http://craive.html.xdomain.jp/

TITLE

夾心巧克力的魔法饗宴

STAFF

出版	瑞昇文化事業股份有限公司
作者	熊谷裕子
譯者	黃詩婷
總編輯	郭湘齡
責任編輯	陳亭安
文字編輯	徐承義　蔣詩綺
美術編輯	孫慧琪
排版	二次方數位設計
製版	印研科技有限公司
印刷	龍岡數位文化股份有限公司
法律顧問	經兆國際法律事務所　黃沛聲律師
戶名	瑞昇文化事業股份有限公司
劃撥帳號	19598343
地址	新北市中和區景平路464巷2弄1-4號
電話	(02)2945-3191
傳真	(02)2945-3190
網址	www.rising-books.com.tw
Mail	deepblue@rising-books.com.tw
初版日期	2018年8月
定價	350元

ORIGINAL JAPANESE EDITION STAFF

撮影協力	TOMIZ（富澤商店）
小物協力	UTUWA
デザイン	下舘洋子（ボトムグラフィック）
撮影	松永直子
スタイリング	South Point
菓子製作アシスタント	田口竜基
編集アシスタント	佐藤達子（株式会社テンカウント）
企画・編集	成田すず江、藤沢セリカ（株式会社テンカウント）

國家圖書館出版品預行編目資料

夾心巧克力的魔法饗宴 / 熊谷裕子作 ; 黃詩婷譯. -- 初版. -- 新北市 : 瑞昇文化, 2018.08
96面 ;18.2 x 25.7 公分
譯自 : 魔法のボンボン・ショコラレシピ : ショコラティエみたいにできる
ISBN 978-986-401-260-2(平裝)
1.點心食譜 2.巧克力

427.16　　107011019

MAHO NO BON BON CHOCOLATE RECIPE